《教师教育课程标准（试行）》教材大系
教师教育国家级精品资源共享课配套教材

幼儿心理健康教育与指导

You'er Xinli Jiankang Jiaoyu yu Zhidao

主编　饶淑园

高等教育出版社·北京

内容提要

本教材为教师教育国家级精品资源共享课的配套教材。依据《教师教育课程标准（试行）》《幼儿园教师专业标准（试行）》的理念与要求、幼儿心理健康教育的课程内容与特点进行编写，注重理论知识和实践能力的整合。

全书由九章组成。分别为：幼儿心理健康教育概论、幼儿心理健康教育的理论基础、幼儿心理健康评估、幼儿异常心理与问题行为、幼儿异常心理与问题行为案例、幼儿核心心理素质的培养、幼儿心理健康教育活动设计、幼儿心理健康教育活动设计案例、心理环境的创设。

读者可登录“爱课程”网，在“资源共享课”页面搜索到本课程，学习全部课程视频、教学课件、案例素材；还可以扫描书中二维码，查看与本书内容紧密相关的数字化资源。

本教材可作为高等师范院校学前教育专业学生本、专科教材，也可作为幼儿园教师培训用书、特殊教育和应用心理学专业学生参考用书。

图书在版编目(C I P)数据

幼儿心理健康教育与指导 / 饶淑园主编. -- 北京 : 高等教育出版社，2015.12
iCourse · 教材
ISBN 978 - 7 - 04 - 044074 - 4

Ⅰ. ①幼… Ⅱ. ①饶… Ⅲ. ①学前儿童－心理健康－健康教育－高等学校－教材 Ⅳ. ①B844.12

中国版本图书馆CIP数据核字(2015)第263821号

策划编辑 王雅君 肖冬民 责任编辑 肖冬民 特约编辑 王雅君 封面设计 张申申
版式设计 张 杰 插图绘制 邓 超 责任校对 陈 杨 责任印制 毛斯璐

出版发行	高等教育出版社	咨询电话	400-810-0598
社　　址	北京市西城区德外大街4号	网　　址	http://www.hep.edu.cn
邮政编码	100120		http://www.hep.com.cn
印　　刷	北京北苑印刷有限责任公司	网上订购	http://www.landraco.com
开　　本	787mm × 1092mm 1/16		http://www.landraco.com.cn
印　　张	14.25	版　　次	2015年12月第1版
字　　数	270千字	印　　次	2015年12月第1次印刷
购书热线	010-58581118	定　　价	28.00元

本书如有缺页、倒页、脱页等质量问题，请到所购图书销售部门联系调换

物 料 号 44074-00

前　言

《教师教育课程标准（试行）》明确提出：创新教师教育课程理念、优化教师教育课程结构、改革课程教学内容、开发优质课程资源、改进教学方法和手段、强化教育实践环节等内容。在幼儿园职前教师教育课程目标中要求幼儿园教师要“掌握幼儿心理健康教育的基本知识，学会处理幼儿常见行为问题”，在课程设置“建议模块”中要求开设“教育诊断与幼儿心理健康指导”课程。所以，本教材是与应《教师教育课程标准（试行）》要求开设的课程相配套的教材。

应该说“幼儿心理健康教育与指导”课程也是顺应形势发展需要而开设的课程。当今，幼儿的心理健康存在诸多问题。研究发现：幼儿群体中相当普遍地存在着心理脆弱、独立性差、怕苦畏难、任性、缺乏创造性、以自我为中心、缺乏与人合作交往的意识和能力、缺乏自控力等问题；不少幼儿还存在种种行为偏差，比如，攻击性行为、多动、孤僻、胆怯、情绪障碍。幼儿阶段是身体、智力迅速发展的时期，也是心理品质形成的关键时期。许多研究表明：心理疾病不但极大地影响着幼儿的健康成长，而且给幼儿带来痛苦、灾难，甚至酿成人生悲剧。从一个幼小的生命成长为具有个性差异的成年人，甚至变成一个心理不健康的人，并不是无缘无故突然发生的，其根源可以追溯到幼儿时期。

基于幼儿心理健康教育的重要性，“幼儿心理健康教育与指导”课程理应成为学前教育专业的一门专业必修课。从学科性质来说，它属于一门应用性很强的学科，因为它直接解决幼儿心理健康教育活动实践中的实际问题。学生通过系统地学习幼儿心理健康教育与指导的相关知识，掌握幼儿心理健康评估与辅导的技术，具有营造幼儿心理健康环境的意识，具备培养幼儿良好的心理品质和健全人格的技能，初步具备分析与辅导幼儿异常心理与行为问题的能力。所以，本课程是培养学前教育专业应用型人才的重要课程。

本教材为教师教育国家级精品资源共享课“幼儿心理健康教育与指导”的配套教材，纳入《教师教育课程标准（试行）》教材大系。与同类教材相比，本教材有如下几个创新：

1. 创新课程理念和视角。作者在国内缺乏同类教材借鉴的情况下，通过探索，将多年的理论研究、临床实践和教学成果进行了很好的梳理和整合，汲取积极心理学的精髓，以幼儿心理预防保健为出发点，树立了新的幼儿心理健康教育理念和模式：从传统关注不同障碍类型的医学治疗模式转向现在的积极促进幼儿心理健康发展的心理学模式和教育学模式，其课程的理念和视角具有创新性。

2. 创新编写体例和内容。改革教材内容结构，理论和操作技能训练相辅相成是本教材的特色。本教材使用的主体是学前教育专业的学生，他们毕业后主要面对的是正常的个体，而不是已被确诊为有严重心理疾病的幼儿，对于他们来说，掌握并有效地运用多种评估、诊断、预防和发展性的教育与辅导技术，符合实际工作的需要。传统教材的体例与内容已不能满足教学和实践的需要。扎实的理论基础辅以幼儿心理健康教育与指导案例是编写本教材的突破点。

3. 创新教材呈现形式。本教材是教师教育国家级精品资源共享课“幼儿心理健康教育与指导”的配套教材，学生可登录“爱课程”网（www.icourses.cn）进行学习。本教材还用二维码实现了纸质教材与数字化课程资源的关联与融合，读者通过扫描二维码即可获得相关的教学录像等数字化课程资源，这是本教材的一大亮点。

4. 通过教材力图引领教学改革。第一，教材坚持实践取向，注重传授实用性强的知识和训练操作技能。教师可以通过教材提供的案例、拓展阅读资料等，探索“幼儿心理健康教育与指导”课程教学过程的三段式，即理论教学、案例分析、归纳小结或操作练习的教学模式。第二，教材重视对学生自主学习和研究性学习的训练。教材中设置的“二维码链接”部分和每章拓展阅读资料为学生广泛阅读当代国内外发展心理学的资料提供方便，能拓展学生的视野。同时，每章提供思考练习题和项目实践，以激发学生自主学习和研究性学习的热情，提高学生思考问题和解决问题的能力。

本教材的参编人员均是教师教育国家级精品资源共享课“幼儿心理健康教育与指导”课程团队的成员。团队成员长期关注学前儿童心理发展的理论研究和实践工作。主编饶淑园拟订编写提纲，并与课程团队成员共同讨论，还负责组织、协调编写以及统稿工作。具体编写分工如下。

饶淑园：第一章、第六章、第七章、第八章、第九章。

何资桥：第二章、第四章的第二节和第五章的第三、四节。

许　炯：第三章。

王苑芮：第四章的第一节和第五章的第一、二、五、六、七、八节。

本教材在编写过程中借鉴和参考了国内外许多文献资料，在此谨向各位原作者表示诚挚的谢意。本教材是课程团队成员集体劳动的成果，对他们的辛勤劳动深表感谢。由于编者水平有限，本教材中一定存在许多不足，热忱期待广大读者不吝赐教。

饶淑园
2015年11月1日于金山湖畔

目　录

第一章 幼儿心理健康教育概论

要防止远比自然灾害更为危险的人类心理疾病的蔓延。

——分析心理学派代表荣格

知识导图

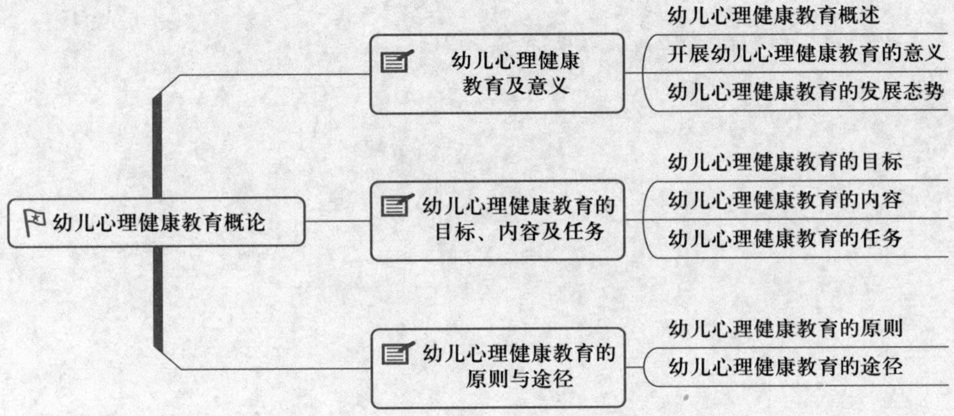

学习目标

- □ 了解：幼儿心理健康教育的相关概念、意义和发展态势。
- □ 理解：幼儿心理健康教育的目标、内容、任务。
- □ 掌握：幼儿心理健康的标志和开展幼儿心理健康教育的原则与途径。

学习建议

- □ 本章是本课程学习的导论部分，旨在让学生了解本课程的概况。
- □ 学生可登录“爱课程”网，观看本章的教学录像和相关学习内容。

社会经济的发展，各种竞争的加剧，生活节奏的加快，给人们的生活、工作带来了巨大的压力，因此近些年来心理问题和心理疾病日渐突出，且有低龄化趋势。幼儿心理和教育专家刘云艳教授的研究结果表明，幼儿行为问题的检测率分布范围为6.32%~26.32%，具体表现在攻击、分裂样、社交退缩、抑郁、多动、违纪、身体诉说、性问题、不成熟、焦虑等方面。关注幼儿的心理健康逐渐成为许多有识之士的共识。幼儿的心理具有很大的可塑空间。如果幼儿期受到不良环境的刺激，幼儿很容易形成不良习惯和问题行为；但是，如果教育训练或治疗矫正及时，问题比较容易解决。幼教工作者应该具备幼儿心理健康教育的知识，能为幼儿心理健康成长提供相应的支持和指导。本章作为开篇，对幼儿心理健康教育与指导进行概述，以便学习者对全书有个大概的了解。

第一节 幼儿心理健康教育及意义

世界卫生组织在1946年的《世界卫生组织宣言》中对健康的定义为：健康不仅指没有疾病和虚弱的现象，还指个体在身体上、心理上、社会适应上完全安好的一种状态。由此可见，健康应包括生理、心理和社会适应等几方面。只有当一个人身体、心理和社会适应都处在一种良好状态时，才真正健康。

一、幼儿心理健康教育概述

（一）心理健康与心理异常

亮亮，3岁，身形瘦小，在家挺活泼，跟熟悉的人有说有笑，但碰到陌生人，便会羞涩地躲在父母后面。

洋洋，4岁，身体发育正常，在家和幼儿园都比较安静，喜欢一个人独处。每天他最喜欢做的事就是把积木摆成长长的一排，推倒后再摆，如此重复。他不爱说话，也不会自己穿衣吃饭，更不喜欢跟别的小朋友玩。

你认为亮亮和洋洋健康吗？

专家认为，人的健康有三个层面。就生理层面而言，一个健康的人，其身体状况尤其是中枢神经系统应无疾病，其功能在正常范围，并无不健康的体质遗传。健康的心理必须以健康的身体为先决条件，有了健康的身体，个人在情感、意识、认知和行为上才能正常发展。所以说，健康的心理基于健康的身体。就心理层面而言，一个健康的人，必须对自我持积极肯定的态度，能认识自我，明确自己的潜能、长处和缺点，能悦纳自我与发展自我，也能与环境保持协调统一，特别是能兼顾自我发展与人际和谐两个方面。就社会适应层面而言，一个健康的人，能有效地适应社会环境并能妥善地处理人际关系，其行为符合生活环境中文化的常模，角色的扮演符合社会要求，能与社会保持良好的接触，且为社会贡献力量。

心理健康是指心理的各个方面及其活动过程处于一种良好或正常的状态。其理想状态是认知正确、情感适当、意志合理、态度积极、行为恰当、社会适应良好的状态。与其相对应的概念是心理异常。心理异常是对许多不同种类的心理、情绪和行为失常的统称。类似的概念还有心理变态、心理障碍、心理疾患、精神障碍等。这些概念尽管名称不同，但都是与心理正常概念相对应的，反映人的各种心理活动，包括认识活动、情感意志活动以及性心理特征等，偏离正常。

根据心理异常的症状，《中国精神障碍分类与诊断标准(第3版)》，即CCMD-3，将精神障碍归为10类：（1）器质性精神障碍；（2）精神活性物质或非成瘾物质所致精神障碍；（3）精神分裂症（分裂症）或其他精神病性障碍；（4）心境障碍（情感性精神障碍）；（5）癔症、应激相关障碍、神经症；（6）心理因素相关生理障碍；（7）人格障碍、习惯与冲动控制障碍、性心理障碍；（8）精神发育迟滞与童年和少年期心理发育障碍；（9）童年和少年期的多动障碍、品行障碍、情绪障碍；（10）其他精神障碍和心理卫生障碍。《疾病和有关健康问题的国际统计分类（第10版）》，即ICD-10，第五章“精神与行为障碍”将精神障碍归为11类：（1）器质性(包括症状性)精神障碍；（2）使用化学药物、物质或酒精引起的精神和行为障碍；（3）精神分裂症、分裂型障碍和妄想型障碍；（4）情感性精神病；（5）神经症性、应激相关的以及躯体形式的障碍；（6）与生理紊乱和躯体因素有关的行为综合征；（7）成人人格和行为障碍；（8）精神发育迟滞；（9）心理发育障碍；（10）通常起病于童年与青少年期的行为和情绪障碍；（11）未特指的精神障碍。

（二）幼儿心理健康

幼儿心理健康是指心理发展达到相应年龄组幼儿的正常水平，情绪积极，性格开朗，无心理障碍，对环境有较好的适应能力。

1. 幼儿心理健康的标志

关于幼儿心理健康的标志，儿童医学专家、幼儿心理和教育专家有不同的说法，综合他们的观点，我们认为幼儿心理健康有下面几个标志。

（1）动作发展正常

动作发展与脑的形成及其功能的发展密切相关，幼儿躯体大动作和手指精细动作的发展水平处于正常范围是心理健康的基本条件。

（2）认知发展正常

一定的认知能力是幼儿生活和学习的重要条件，幼儿的认知发展存在个体差异，如一个幼儿的认知水平明显低于同龄幼儿，且不在正常范围之内，那么该幼儿的认知能力属于偏低。幼儿期要尽量避免任何对大脑的伤害或不适宜的环境刺激，以免导致幼儿认知发展的问题。

（3）情绪积极向上

积极的情绪反映了中枢神经系统功能的协调性。幼儿情绪正常，在受到别人的爱抚、关心、体贴、照顾时感到幸福，并因而心情愉快。不良情绪是幼儿与他人进行交往和参与各种活动的障碍。长期紧张、压抑、恐惧，会使幼儿产生种种行为问题。

（4）人际关系融洽

幼儿的人际交往是维持心理健康的重要条件，也是获得心理健康的必要途径。幼儿从家庭进入集体环境，会有许多不适应，不熟悉老师、同伴、环境，会产生不安全感；独生子女没有和同伴合作、分享、等待、轮流玩耍的经验，因此同伴间时常会为争夺玩具而发生争吵和哭闹，从而产生不愉快情绪。

（5）性格特征良好

性格是个性中最核心、最本质的表现，它反映在对客观现实的稳定态度和习惯化的行为方式中。心理健康的幼儿一般热情勇敢、自信主动、性格温和、意志坚强、情绪乐观，而心理不健康的幼儿则表现出冷漠自私、胆怯自卑、被动孤僻等。

（6）无严重的心理问题

心理健康的幼儿没有严重的或复杂的心理问题。幼儿不健康的心理往往以各种行为方式表现出来，诸如多动、口吃、吸吮手指、遗尿等。

2. 幼儿心理健康的判断标准

幼儿心理健康的理想状态是描述性的，并没有一个量化或分级的质量标准。在实际生活中，如何对幼儿心理健康进行判断？应该采取什么判断标准？这是幼儿心理健康教育必须弄清的问题，具体而言，有如下判断标准。

（1）社会文化标准

这是心理健康研究中最常用的一种判断标准，即认为异常是指对社会文化常模的偏离。综观社会文化发展历史，在每一种社会文化条件下都有相应的幼儿健康观和幼儿行为规范，如果某幼儿表现与之相悖，就会被认为是异常的。社会文化标准还会因国家、地域的差异而不同。比如，在美国，幼儿表现出武断、侵犯行为多不被认为是异常的；而表现出沉默、循规蹈矩的幼儿则会引起更多的关注。

（2）发展标准

幼儿正处于迅速生长发育时期，判断其心理是否异常必须以正常心理发展标志作参照，以不同年龄幼儿心理发展的正常序列与速率作为标准。正常心理发展标志是一个统计学概念，它是群体儿童的一个相对率。比如，在6个半月龄的婴儿中只有50%的人能够不靠外力坐稳，到9个月龄时才能达到95%。对个体而言，有时可能正处在“标志”外的范围，但并不一定是发展异常。比如，一个幼儿身材矮小是遗传所致，而不是发育迟缓，让家长们理解这一点尤为重要。

（3）症状标准

这是临床医师常采用的一种方法。心理异常的幼儿会表现出一些特殊症状，如异食、缄默、多动、自伤等。应用此项标准判断幼儿是否异常比较“保险”，且能被家长接受。但有些幼儿的表现不典型，特别是被家长带到咨询门诊求助时，常常未出现异常症状，这就增加了判断的困难，也反映出症状标准的局限性。为了克服这种缺点，可以设置一些特殊的交谈情境，让幼儿充分“表演”，再观察记录特殊症状；或是用“症状量表”，由教师或家长评定，再进行统计分析，得出判断结果。

（4）经验标准

在实际工作中，专业人员、教师或家长常根据个人的经验与观念来判断幼儿是否异常。表面上看，这种方法未曾运用统计学概念、未量化、不科学，但实质上，统计学的概念仍隐含在个体的经验中。评定者正是根据自我经验中的“百分比”来判断幼儿的问题的。目前提倡的做法是，让数位专家在“单盲”（即在评前不知幼儿原诊断）前提下进行评定，再以平均值来确定幼儿是否异常。

各种标准各有利弊，最好是多种方法并举。统计标准是判断心理异常的一个基本标准。此外，还要考虑异常行为发生的频率、时限和是否具有突变性。那些频率高、时限长、突然改变的异常行为应成为关注的重点。

如何区分正常行为、行为障碍与行为偏差？

幼儿行为问题与其生理、心理、社会等多方面的因素有关。各种生理因素、教养方式、社会环境以及心理创伤等，都可能干扰和阻碍幼儿的正常发展，导致他们产生情绪或行为偏差。但是，大多数幼儿的问题都只在他们发展的一定阶段出现，并随着年龄的增长逐渐恢复正常。譬如，学前期早期出现的尿床、夜惊等睡眠障碍，学前期晚期出现的对于父母分离的恐惧障碍、依恋替代行为（如咬指甲、舔被子等），以及学龄儿童常见的孤僻、爱发脾气、害羞等，这些问题在没有造成过分影响的情况下，大多都应该判断为正常现象，而不是行为障碍。因此，在这里，有三种情况需要加以区分：第一是正常行为，第二是行为偏差，第三是行为障碍。

从统计学意义上讲，这三者分布在一个连续的线段上。如果我们假定线段的一端为心理健康，而另一端为心理障碍的话，那么，这三种情况就分别处在从心理健康到心理障碍的不同位置上。

应该说大部分的幼儿都是健康的，只有当行为问题非常突出，妨碍了个人的正常发育、生活，或者在不该出现的年龄阶段出现了一些行为障碍时，我们才应该去考虑这种问题是否应被列为行为偏差或行为障碍。

观看《幼儿心理正常与异常判别依据》，了解心理判别的依据。

幼儿一般的行为偏差的临床表现主要有：第一，问题突出发生在某一个年龄阶段，在这之前或之后表现都不明显，如害羞；第二，无论是情绪还是行为问题，通常表现形式比较单一，如幼儿仅仅有害羞的症状，不存在明显的综合证候群，也就是说，个体的其他行为基本良好；第三，幼儿没有类似的人格缺陷或家族继承性问题，通常与父母的管教方式或生活环境有关，如来自山村的孩子，初次接触大城市，会表现出明显的恐惧行为。

行为障碍与行为偏差比较起来，其程度则要严重得多。具有心理或行为障碍的儿童，对他们临床症状的判断可以依据以下几点：第一，具有比较严重的生活和社会功能损伤，并且其损伤的原因主要是精神性的，如孤僻症儿童有比较深度的语言障碍，表现为单调而且仅仅是刻板重复别人的语言；第二，持续时间长久，通常不会随年龄增长自行消失；第三，这些问题与家族继承性问题有关，通常在一些直系亲属中可以找到相关或类似问题，或者其父母当中至少有一方具有一些人格缺陷。[①]

---

① 傅宏，学前儿童心理健康[M]，南京：南京师范大学出版社，2013：7-8.

观看《心理访谈——我家有个多动症》片段，并讨论视频中的宝宝是否有多动症。

（三）幼儿心理健康教育

关于什么是幼儿心理健康教育尚无定论，有学者认为是促进幼儿心理健康，培养幼儿良好的心理素质与健全人格[①]；有学者认为应以发展性教育模式为主，从幼儿成长需要出发，解决他们在成长中的问题，促进其心理机能的发展[②]；还有人认为是促进全体幼儿心理健康发展，充分开发幼儿的潜能，培养幼儿积极、乐观、向上的心理品质和健全的人格，提升其幸福感，为其终身幸福奠定基础[③]。综合这些的观点，我们认为，幼儿心理健康教育旨在促进幼儿具有良好的自我意识、情绪情感、行为习惯、个性心理品质和社会适应能力，并最终达到身体、心理和社会适应性的完满状态。要把握以下两层含义：一是促进，心理健康教育要保证幼儿心理健康发展，提升其幸福感，强调家长和教师从正面对幼儿进行帮助和引导；二是预防和干预，心理健康教育应先着眼于预防幼儿心理问题的发生，然后是对幼儿心理问题及时进行判断，做到早干预、早治疗。

二、开展幼儿心理健康教育的意义

（一）心理健康教育是幼儿心理和行为问题的现实诉求

当前幼儿的心理和行为问题比较普遍。在刘云艳的《中国0—6岁儿童心理健康与教育研究进展》研究中，使用Achenbach儿童行为量表测查儿童行为问题，得出的结果是，儿童行为问题发生率为6.32%～26.32%，使用Conners儿童行为问卷测查时，儿童行为问题发生率在18.0%左右。儿童行为问题主要表现为脾气暴躁、说谎、爱骂人、语言障碍、自私、咬指甲等。[④]对这些心理和行为问题，不及时予以纠正，会直接影响到幼儿的心理健康与发展。心理健康教育将有助于解决幼儿发展中存在的心理问题与不良行为，有助于幼儿良好心理品质的形成与发展。

---

① 郑雪，刘雪兰，王玲.幼儿心理健康教育［M］.广州：暨南大学出版社,2006:5.

② 姚本先，邓明.幼儿心理健康教育的目标、任务、内容与途径［J］.教育科学研究,2004(1):44.

③ 刘文.幼儿心理健康教育［M］.北京：中国轻工业出版社,2012：7.

④ 刘云艳.中国0～6岁儿童心理健康与教育研究进展[J].学前教育研究,2009(6):10-14.

拓展阅读

幼儿心理健康问题相关研究

有关调查显示，我国幼儿心理及行为问题的发生率呈逐年上升的趋势。其中较严重者可达 2.14% ~ 9.00%，最为常见的是幼儿的行为、情绪、社会适应及习惯等方面的问题。

陈惠君、刘品梅调查发现[1]，幼儿社会行为问题的检出率攻击性行为最高 (14.4%)，其次为发脾气 (14.2%)、争吵 (12.3%)、嫉妒 (9.8%)；个性和情绪问题的检出率以任性为最高 (22.1%)，其次为自私 (15.6%)、娇气 (11.7%)、固执 (10.5%)、胆怯 (9.6%)；不良习惯的检出率以睡眠障碍最多 (15.3%)，其次为吸吮拇指 (8.9%)、饮食不佳 (8.7%)。夏莹、张晰月等人调查发现[2]，幼儿存在不同程度的焦虑，缺乏自信、孤独、不合群、不会与人沟通交流、有攻击性行为，许多幼儿无法接受父母表扬同伴。这些充分说明，幼儿心理健康教育势在必行。

（二）心理健康教育是幼儿心理发展的实际需要

幼儿处在心理成长发展的关键时期，他们具有巨大的发展潜力，可塑性强，但由于他们在心理上极不成熟，自我调节、控制水平较低，自我意识还处在萌芽状态，极易因环境等不良因素的影响形成不健康的心理。

儿童问题行为具有持续性[3]

有学者在研究中发现，每 10 个儿童中至少有 1 个有明显的问题。麦克法兰（MacFarlane）对 126 名新生儿从出生追踪观察到 14 岁，发现每个儿童平均可以出现 4 ~ 6 个问题行为，这些问题往往起源于生命早期并且具有持续性，对儿童的成长极为不利。儿童的问题行为不仅影响儿童正常的生长发育和社会化过程，还会导致其成人期的适应不良、精神疾病和违法犯罪等。有研究表明，早期的问题行为可以预测儿童和青少年时期发展上的各种消极后果：学习成绩差、具有退学的可能、破坏行为、同伴关系不良以及从事犯罪活动等。

幼儿的心理健康与否，将会对他们的认识、情感、个性、道德的发展和社会适应等产生极其深刻的影响。著名心理学家弗洛伊德认为儿童经验对于人格发展

---

① 陈惠君，刘品梅．湛江市幼儿园儿童心理健康问题的调查与分析[J]．广东医学院学报，2004，22(1):70.

② 夏莹，张晰月．幼儿心理健康现状调查分析及对策[J]．牡丹江师范学院学报（哲社版），2011(1):110–112.

③ 叶慎花．父母教养方式与幼儿行为问题关系的研究[D]．南京：南京师范大学，2011.

极为重要，在这些经验的作用下会形成一个人长期的人格基本框架与基本特征。所以，早期幼儿的生活环境和教育是否适当，直接关系到幼儿良好心理品质的形成与否。

阅读《会说话的花儿》，了解经验对幼儿人格发展的重要性。

（三）幼儿心理健康教育是现代社会对人才素质的迫切需求

当前社会发展迅速、竞争激烈，具有高节奏、高竞争、高风险、高压力等特点。伴随着愿望的落空和心理挫折的出现，会出现诸如悲观、烦恼、焦虑、抑郁、孤独等消极情绪。严重的消极情绪会使心理失衡，从而导致个人生活与社会生活的失调，个人的发展也难以融合到社会进步的洪流中去。因此，现代社会不但要求人们具有竞争、合作、应变、创新的意识和能力，更要求人们具有较强的心理耐受力和自信心，而这些素质需要从小培养。

幼儿心理健康教育不但是幼儿心理问题的现实诉求，也是幼儿心理发展的实际需要，更是现代社会对人才素质的迫切需求。作为幼教工作者应该学习幼儿心理健康教育的相关知识，以便能为幼儿心理的健康成长提供支持和帮助。

三、幼儿心理健康教育的发展态势

幼儿心理健康教育作为人的发展的重要基础,日益受到全社会的重视，呈现出良好的发展态势。①

（一）幼儿心理健康教育的理念渗透到幼儿教育观、健康发展观和评价标准中，成为幼儿教育的内在要求

在人才素质中，心理素质是其中不可缺少的一项基本的、重要的素质。品德的陶冶、知识的掌握、智力的发展、身体素质的增强、审美素养的提高、劳动技能的形成和发展都离不开良好的心理素质。树立正确的幼儿心理健康教育理念是现代国际社会对现代幼儿教育最重要的要求，它直接影响着幼儿心理健康教育内容的选择、方式和手段的运用、评价标准的制订等。幼儿期是心理发展速度最快的阶段，所以加强对幼儿的心理健康教育非常重要和必要。2012年教育部颁布

① 缪秋莎.论幼儿心理健康教育六大发展趋势[J].湖南师范大学教育科学学报,2004(5):77-78.

的《3—6岁儿童学习与发展指南》指出：发育良好的身体、愉快的情绪、强健的体质、协调的动作、良好的生活习惯和基本生活能力是幼儿身心健康的重要标志。国内外的实践证明，幼儿心理健康教育不仅仅是一套方法和技术，更重要的是体现实践性、科学性的教育理念。幼儿心理健康教育在承认幼儿个别差异的基础上尊重每一个幼儿的价值，相信每一个幼儿有自我发展的潜能，而不能仅以动手能力、智力水平衡量、评价幼儿。将幼儿心理健康教育渗透到幼儿教育的全过程中，有助于形成人人关注幼儿心理健康教育的新局面。

（二）幼儿心理健康教育的目标注重培育幼儿的社会性品质和个性品质

注重培养幼儿的社会性品质和个性品质是国际幼儿心理健康教育的共同目标与要求。“学会关心”和“四个学会”（学会认知、学会做事、学会共同生活、学会生存）是21世纪国际社会对世界各国各级各类学校教育培养目标的基本要求，也是今后世界各国幼儿教育注重幼儿社会性品质与个性品质培养的重要根据。我国教育部2001年颁发《幼儿园教育指导纲要（试行）》在有关教育内容与要求部分提出：让幼儿形成安全感、信赖感；创造一个自由、宽松的语言交往环境；提供丰富的可操作的材料，为每个幼儿都能运用多种感官、多种方式进行探索提供活动的条件；提供自由表现的机会，鼓励幼儿用不同艺术形式大胆地表达自己的情感、理解和想象，尊重每个幼儿的想法和创造，肯定和接纳他们独特的审美感受和表现方式，分享他们创造的快乐。2012年颁布的《3—6岁儿童学习与发展指南》中强调：幼儿阶段是社会性发展的关键时期，良好的人际关系和社会适应能力对幼儿身心健康发展以及知识、能力和智慧作用的发挥具有重要影响。

国际上，《俄罗斯联邦教育法》规定俄罗斯学前教育工作的目标包括使幼儿的发展能够适应未来社会，保证幼儿创造性、才能和兴趣的发展等内容。新西兰幼儿教育的目标明确规定要使幼儿在社会性、情感、智力、体力等方面得到和谐发展。在美国，幼儿通过教育必须形成自信、自主、好奇、独立、坚毅、平等、交往、合作、自我约束、关心他人等良好品质。可见，幼儿教育培养目标，各国因具体国情不同而不同，规定的要求有所侧重，但注重良好的社会性品质和个性品质的培养却是共同的。在个性培养方面，各国比较重视发展幼儿的兴趣、才能，培养幼儿学会学习、学会独立、具有创造性，德国甚至明确提出把培养幼儿的创造能力作为幼儿教育目标的核心。在社会性品质形成方面，尤其强调交往、合作、关心他人等。

（三）幼儿心理健康教育模式趋向以幼儿为中心，关注个性差异教育，因材施教、因人制宜

对幼儿实施心理健康教育，不能简单地照搬中小学模式。这是因为幼儿从事

独立活动的经验不足、能力较低，且心理活动有明显的形象性特点，因此，在计划、实施幼儿心理健康教育时，不能沿用中小学模式进行，而要以游戏为主，寓教育于游戏之中，其教学内容应尽可能地具体化、形象化，具有新颖性。比如，通过幼儿所熟悉的动画人物、故事等来完成教育活动。此外，幼儿在这一时期已逐渐形成最初的个性心理倾向，这使我们在这一阶段通过幼儿心理健康教育来培养幼儿良好的个性品质、道德行为等成为可能。心理健康教育个性化是根据幼儿在智力、社会背景、情感等方面的差异进行教育，使之得到创造性发展。幼儿心理健康教育个性化已在发达国家兴起，并成为世界各国教育改革的一个共同趋势，并将成为未来幼儿教育革新的重要标志。《幼儿园教育指导纲要（试行）》和《3—6岁儿童学习与发展指南》都特别强调：关注个别差异，促进每个幼儿富有个性的发展，支持和引导每个幼儿从原有水平向更高水平发展，切忌用一把“尺子”衡量所有幼儿。幼儿心理健康教育主要是培养“健康的自我”。但是，由于幼儿个体的心理发展特点与速度存在着较大的不同，常常表现出不同的个性倾向。另外，在对个体的观察中我们会发现，幼儿经常出现的问题，并不是智力的问题，也不是道德品质的问题，更多的是其自身成长过程中碰到的一些心理问题。因此，对幼儿进行心理健康教育必须关注对幼儿富有个性的过程评价，通过建立“个体发展档案”，了解幼儿的需要与发展，发现每个幼儿成长的特点和潜力。

（四）幼儿心理健康教育内容从补救性为主转为以发展性为主

幼儿时期已开始形成最初的个性倾向。发展性为主模式是将全体幼儿作为心理健康教育的对象，针对幼儿普遍的成长问题给予指导，同时兼顾少数有心理障碍幼儿的心理治疗与行为矫正。我国幼儿心理健康教育是从心理咨询工作开始的，是从解决幼儿的心理障碍入手的。但随着对心理健康教育认识的深化，以全体幼儿为服务对象，以发展为主、治疗为辅已成为人们的普遍认识。作为幼儿教育的重要组成部分，心理健康教育在选择内容时，要立足幼儿终身的可持续发展，要体现教育内容内涵的变革。尽管《3—6岁儿童学习与发展指南》是按健康、语言、社会、科学、艺术五个领域来表述教育内容的，但领域内容已不局限在某些具体的知识点或技能要求方面，而是指向幼儿参与的教育活动，指向希望他们在活动中获得的经验或形成的基本素质。以《3—6岁儿童学习与发展指南》健康领域为例，强调“形成积极稳定的情绪情感”；“营造温暖、轻松的心理环境，让幼儿形成安全感和信赖感，……帮助幼儿学会恰当表达和调控情绪”；“帮助幼儿养成良好的生活与卫生习惯，提高自我保护能力，形成使其终身受益的生活能力和文明生活方式”。社会领域中，强调“建立良好的亲子关系、师生关系和同伴关系，让幼儿在积极健康的人际关系中建立安全感和信任感，发展自信和自尊，在良好的社会环境及文化的熏陶中学会遵守规则，建立基本的认同感和归属感”等。上述这些都是幼儿心理健康教育发展性教育内容的表述。

（五）教育者的专业化程度逐步提高，培训时间延长和频次增加，由兼职趋向专业化

幼儿心理健康教育是一项专业性很强的工作，要推进这项工作向科学化和规范化方向发展，必须建立一支训练有素、掌握相关专业知识和专业能力的师资队伍。幼儿园教师需具有了解幼儿心理特征的能力、正确评价幼儿心理健康状况的能力、自我调节情绪的能力、建立民主和平等的师生关系的能力等心理健康教育能力。但是当前我国幼儿心理健康教育工作者多由非专业人员兼任，知识、经验的不足和角色的混乱，无法保障幼儿心理健康教育的质量与效果。随着社会对幼儿教育重视程度的提高，师资培养力度在加大，在未来的工作中，幼儿心理健康教育者的专业化程度将逐步提高，培训时间在不断地延长，频次在增加。另外，还有一个重要的途径就是职前培养，各种相关专业如学前教育专业、特殊教育专业和应用心理学专业等开设有关幼儿心理健康教育的课程，为幼儿心理健康教育培养合格的专业人才。同时，高等学校、科研机构、医疗部门和相关单位的有关幼儿心理健康教育专业人员的积极介入，亦将对此项工作的专业化发展有积极的意义。

（六）教育规模由点到面逐步铺开扩展，立体化、普遍化程度不断提高

从纵向上看，心理健康教育是从出生开始贯穿人一生的教育。幼儿心理健康教育作为整个教育所依靠的基础和起点，对开发人类潜能、对个体一生的发展发挥着奠基作用；从横向上看，心理健康教育的范围是家庭、社区、社会大环境。幼儿心理健康教育不仅仅局限于幼儿园，它更是一个系统工程，必须广泛利用园内外各种教育资源，形成幼儿园、社会、家庭共同作用的教育环境。幼儿心理健康教育是一个多因素、多角度、多层次的系统工程，要采取多种方法和手段，将各种要素进行有机的组合与配置，构建起以幼儿园教育为主渠道，以家庭教育和社会教育为基本环节，形成教育与指导、咨询与自助紧密结合的心理健康教育的工作网络和体系；形成以幼儿为主体，教师指导为辅助，心理健康教育与智能教育互为补充的心理健康教育体系。随着我国幼儿教育改革的不断深入，特别是幼儿教育观念的更新和对幼儿心理健康教育重视程度的提高，幼儿心理健康教育必将由现在的少数幼儿园逐步扩展到一般幼儿园，由重点幼儿园逐步扩展到普通幼儿园，由大中城市、沿海经济发达地区逐步扩展到中小城市和内地经济欠发达地区，直至普遍发展。普遍化的发展方向还包括心理健康教育将从幼儿园逐步推广到家庭与社会。

第二节 幼儿心理健康教育的目标、内容及任务

幼儿心理健康教育是指教师或教育工作者运用专业知识和技能，给幼儿有针对性的帮助，引导幼儿形成健康的心理和良好的社会适应行为能力。它是教育者根据幼儿个体的特点，主动实施的教育干预行为。下面具体论述幼儿心理健康教育的目标、内容、任务。

一、幼儿心理健康教育的目标

关于幼儿心理健康教育的目标，众说纷纭。姚本先把幼儿心理健康教育目标归纳为：以发展性教育模式为主，从幼儿成长需要出发，解决他们成长中的问题，促进其心理机能的开发与发展。[①] 郑雪认为，幼儿心理健康教育的总目标是促进幼儿心理健康，培养幼儿良好的心理素质与健全人格，并从幼儿的心理成分、年龄特点和幼儿发展三个角度划分具体分目标：根据幼儿的心理成分，划分为认知目标、情感态度目标、动作技能目标；根据幼儿的年龄特点，从快乐合群、积极参与、好奇求知、天真活泼、坚持性和毅力、不怕失败和勇于探索六个方面对不同年龄班划分了不同的层次目标；从幼儿发展的角度划分了矫正与预防幼儿心理和行为问题，培养幼儿良好的心理素质与健全人格，促进幼儿心理潜能开发三个子目标。[②]

综合众专家的观点，我们认为幼儿心理健康教育的总目标是促进幼儿心理健康，充分开发幼儿潜能，培养幼儿积极、乐观向上的心理品质和健全的人格，提升幸福感，为其终身发展和幸福奠定基础，具体目标如下。[③]

（1）使幼儿具有良好的自我意识。增强自我调控、承受挫折、适应环境的能力。提高自信心，培养幼儿的独立性和坚持性。

（2）培养幼儿积极、乐观、开朗的性格。

（3）培养幼儿的交往能力和关爱他人的品格。不仅学会关心自己、爱护自己，更要同情他人，关心和帮助他人，特别是关心父母、教师和同伴。

（4）培养幼儿广泛的兴趣，保持幼儿的好奇心，激发其求知欲，训练幼儿的思维，开发幼儿的智能和创造性。

（5）对有心理问题的幼儿给予科学有效的心理辅导，对有可能出现的问题要及早进行心理教育，避免问题的发生。

---

① 姚本先，邓明．幼儿心理健康教育的目标、任务、内容与途径［J］．教育科学研究，2004(1):44.
② 郑雪，刘雪兰，王玲．幼儿心理健康教育［M］．广州：暨南大学出版社，2006:22-23.
③ 刘文．幼儿心理健康教育［M］．北京：中国轻工业出版社，2012：7.

（6）促进家长和教师保持良好、积极、健康的心态，促使其更新教育观念，提高他们的心理健康水平。

二、幼儿心理健康教育的内容

幼儿心理健康教育的内容是教育目标的具体化，直接体现心理健康教育目标，为实现心理健康教育目标服务。幼儿心理健康教育内容的选择，一方面受心理健康教育目标的制约，另一方面受幼儿年龄特征和心理发展水平以及幼儿心理健康状况的制约。幼儿心理健康教育的内容包括以下几个方面。

（一）学会调整情绪

稳定、积极的情绪是幼儿心理健康的指标之一。喜悦、愉快的情绪能促进幼儿身体的健康成长，因而它是幼儿心理健康教育的重要内容。具体而言，学会调整情绪包括如下内容。

1. 丰富情绪体验，学会调控情绪

鼓励幼儿积极参加集体活动，教会他们调控自己的情绪，懂得哪些要求合理，哪些要求不合理，引导他们通过面部表情、身体动作、语言和活动等方式表达情绪，培养快乐、高兴、满足等积极情绪。在早期注重培养幼儿的积极情绪，对幼儿期乃至一生的心理健康发展具有重要意义。

2. 合理宣泄不良情绪，学会应对心理压力

在生活中，幼儿经常会遭受各种形式的心理压力。家长和教师要为幼儿提供机会，培养幼儿适应环境的能力，以支持的方式帮助幼儿应对心理压力，以保持幼儿与环境之间的平衡。帮助幼儿宣泄情绪的方法要合理，既不能影响幼儿身心发展，同时也要符合社会行为规范。

（二）学习社会交往技能

幼儿通过学习而获得的社会交往技能对其一生的社会适应能力具有非常重要的作用。大量证据表明，人际交往对幼儿身心健康具有重要影响，幼儿交往的朋友数量越多，患精神疾病的可能性越小，为此要帮助幼儿学习社会交往技能。

1. 学会感知和理解他人的情感

帮助幼儿感知和理解他人的情感对于增进幼儿的社会交往技能具有重要价值。在日常生活中，要鼓励幼儿积极参加集体活动，体验在共同活动中的乐趣，正确地认识、感知与理解自己及他人的情感和愿望，初步学会人际交往技能。

2. 学会互助、合作与分享

幼儿需要通过人际交往认识、体验、理解并遵守日常生活中基本的社会行为规则，学习自律和尊重他人。应指导他们在活动中学会合作与分享，在交往中养成友好、合作、宽容、热情的心理品质。这对于改善幼儿的人际关系，增进其社会交往技能大有益处。

（三）培养良好的人格特征

良好的人格特征是心理健康的主要特征，如热情勇敢、自信主动、性格温和、对人友善、意志坚强、大度乐观等，具体而言，要注重培养幼儿以下品质：对人、对事积极乐观的态度，自信心与自制力，抗挫折能力，适应环境的能力，独立性与坚持性，认识自我，悦纳自我。

（四）形成良好的行为习惯

幼儿的心理健康与良好的行为习惯密切相关，对幼儿来说，行为习惯主要指生活与卫生习惯。良好的生活与卫生习惯有益于幼儿身体健康，精神饱满、稳定和愉快。

1. 建立科学、规律的日常生活习惯

培养幼儿良好的睡眠、盥洗、饮食、排便以及室内外活动的生活习惯和生活自理能力，使他们的机体活动能按照一定的生物节律进行运转，从而维持正常的生理与心理平衡。

2. 养成良好的卫生习惯

使幼儿养成勤理发、勤洗澡、勤剪指甲、早晚刷牙、饭后漱口、用自己的茶杯和手帕、不挖鼻孔及耳朵等良好的个人卫生习惯，对幼儿进行必要的安全、营养和保健方面的教育。

3. 开展丰富多彩的户外游戏和体育活动

组织形式多样的户外游戏和体育活动，增强体质，发展基本动作，提高动作的协调性、灵活性和对环境的适应能力，培养幼儿对活动的兴趣及坚强的意志品质和主动、乐观、合作的态度。

三、幼儿心理健康教育的任务

幼儿心理健康教育的任务是围绕幼儿园的教育目标、心理健康教育的目标以及幼儿年龄特征和心理发展水平来确定的。幼儿心理健康教育的任务主要有以下三个方面。

（一）面向全体幼儿实施发展性心理健康教育

通过发展性的心理健康教育，培养幼儿有益于心理健康的态度、情感、行为习惯方式以及良好的个性心理品质和社会适应能力，促进幼儿在情感、态度、能力、知识和技能等方面整体素质的发展，自觉抵制各种不健康行为，努力提高幼儿的心理素质和心理健康水平，这是幼儿心理健康教育的基础和工作重点，也是主要任务。

（二）面向少数有心理与行为问题的幼儿开展补偿性心理健康咨询与辅导

要关注个别有心理问题的幼儿，有针对性地实施个别教育，使有心理与行为问题的幼儿尽快恢复，提高其心理健康水平和自我发展能力。对极少数有严重心理问题的幼儿，能够及时识别和转介，密切配合专业心理治疗机构，尽早治愈其心理问题，让他们都能以健康的心理面貌重新出现在日常生活中，这是幼儿心理健康教育具体而现实的任务。

（三）提高幼儿园教师和家长的心理健康水平

教师和家长的心理健康水平对幼儿有重要的影响作用。教师和家长是幼儿心目中的权威人物，他们的一言一行对幼儿的发展都会产生潜移默化的影响。如果教师和家长的心理不健康，会直接影响幼儿的心理发展。如教师或家长易发怒，情绪不稳定，会使幼儿无所适从，不知所措。因此，提高幼儿园教师和家长的心理健康水平是促进幼儿心理健康的重要举措。

第三节　幼儿心理健康教育的原则与途径

幼儿心理健康教育除了要遵循幼儿教育的一般原则之外，还要遵循自身特有的原则，这是根据幼儿心理健康教育的任务和实际需要确立的，是开展幼儿心理健康教育必须遵循的基本要求。

一、幼儿心理健康教育的原则

了解幼儿心理健康教育的原则对幼儿心理健康教育工作具有指导意义，具体而言，应遵循以下基本原则。

（一）发展性原则

在幼儿心理健康教育过程中，必须以发展的眼光来看待幼儿，对幼儿、对人性持有正确的认识和信念。认识人的潜能，尊重幼儿身心发展的特点和规律，对幼儿的成长和未来持有乐观肯定的态度。重视教育与发展的关系，以发展为重点，辅以预防和矫治，辩证地看待幼儿的缺点和局限。只有以发展的观点来看待心理健康教育的对象，心理健康教育才有意义和价值。幼儿心理健康问题的发生反映出所有健康儿童在正常发展过程中都承受着某些压力，主要是不良环境和不当教育等因素造成的，是整个心理发展过程中出现的一种暂时现象，与成人的心理障碍或心理疾病有本质的区别。但如果只着眼于心理健康问题的预防与矫治，那么，幼儿心理健康教育的目标就显得被动和消极。发展本身就是积极的防治，只有把防治与发展有机地结合起来，并以发展为主，才能促进幼儿心理健康的发展。

贯彻发展性原则，要求做到：首先，要明确发展是心理健康教育的出发点和归宿，心理健康教育的重点是促进幼儿的发展，防治应与发展相结合；其次，要正确对待幼儿发展过程中的心理健康问题，不要以僵化、苛刻的态度要求幼儿；最后，要了解和尊重幼儿的个体差异，关注幼儿的特殊需要，鼓励和帮助幼儿克服缺点、战胜困难，努力使每个幼儿健康地成长。

（二）活动性原则

幼儿心理健康教育应突出以活动为主的特点，充分考虑教育者、教育环境、课程和教学方法，把心理健康教育的内容渗透在灵活多样、富有情趣的活动中，注重活动的综合性、趣味性，寓教于生活、游戏中，强调活动过程的教育性和科学性，让幼儿在参与体验中获得有关经验，得到成长与发展。游戏是幼儿社会实践活动最主要的形式之一，幼儿的能力也是在游戏中培养和发展起来的，在游戏活动中，他们可以自由地表达自我、认识自我、实现自我的价值和潜能。在教育教学实践中，教师应该有意识地渗透心理健康教育内容，为幼儿提供健康、丰富的游戏环境与材料，让他们积极地参与各类社会实践活动。重在引导而不是干预，使幼儿在没有压力、轻松愉快的气氛中自然而然地接受教育，获得身心的健康发展。

贯彻活动性原则，要求做到：首先，教师要精心组织和设计符合幼儿发展需要和幼儿感兴趣的各种活动，为幼儿创造参与活动的条件和机会；其次，要鼓励幼儿积极主动地参与活动，激发他们参与活动的主动性和自觉性；最后，教师要在活动中把直接指导与间接指导结合起来，耐心指导幼儿实际操作，让幼儿亲身体验、对成功充满自信，促进其富有个性的发展。

（三）整体性原则

在对幼儿实施心理健康教育的过程中，要树立系统观、整体观，既要注意把心理健康教育与科学教育、社会教育、语言教育、健康教育、艺术教育的内容相互结合、相互渗透，又要注意课堂教学与常规活动相互衔接，保持一致。同时，还要重视来自家庭和社会的各种教育因素的影响，使家庭教育能与幼儿心理健康教育一致，社会环境的影响符合幼儿心理发展的要求。充分利用自然环境和社区的教育资源，扩展幼儿的生活和学习的空间，引导幼儿自我学习，学会调控自己，逐步实现由外控向内控转化，沿着自尊、自爱、自强、自我完善和自我实现方向发展，使家庭、社会、幼儿园三者能相互联系、相互配合，从而发挥各自的积极作用，保持协同一体化发展，促使综合教育效应的产生，使幼儿心理健康地发展。

贯彻整体性原则，要求做到：树立幼儿全面发展的观点，既要关心幼儿知识的获得与能力的发展，又要关注幼儿人格整体素质的全面提高，对幼儿心理健康问题的分析，要从整体、全局、多角度进行，把家庭、幼儿园、社会诸因素综合起来，共同促进幼儿的心理健康发展。

（四）全体性原则

幼儿心理健康教育要面向所有幼儿。全体幼儿都是心理健康教育的对象和参与者，幼儿心理健康教育的计划、组织、实施活动都要着眼于全体幼儿的发展，考虑大多数幼儿的共同需要和普遍存在的问题，以提高每个幼儿的心理健康水平和心理素质为基本立足点和最终目标。确立和强调面向全体幼儿的心理健康教育原则，是和当前幼儿心理健康教育的任务和幼儿实际存在的问题及需要密切相联系的。幼儿中存在的心理健康问题往往带有普遍性，他们的心理需求也具有共同性，因此，心理健康教育可以采用集体教育方式，只有面向全体幼儿，才能实现教育目标。当然，面向全体并不意味着就忽视个体，在实施心理健康教育过程中，还要具体问题具体分析。

贯彻全体性原则，要求做到：了解和把握全体幼儿的共同需要和普遍存在的心理健康问题；对所有的幼儿都要一视同仁，创造条件和机会，尽可能地让更多的幼儿参与所有的活动，促进全体幼儿的发展和成长。

（五）主体性原则

幼儿心理健康教育必须充分尊重幼儿的主体地位，以幼儿为主体，所有工作都要以幼儿为出发点，充分发挥幼儿的主体作用，把教师的教学活动与幼儿的积极主动参与真正有机地结合起来，使幼儿去认识自己的各种行为表现，体验在活动中的各种情感，从而实现心理健康教育。心理健康教育是一种助人与自助的活动，要达到幼儿自助的目的，应让幼儿以主体的身份直接参与活动。主体性原则集中而直接地体现了幼儿心理健康教育的关键特征。

贯彻主体性原则，要求做到：从幼儿的实际状况和需要出发，实现幼儿心理健康教育的目的；其次在实施心理健康教育过程中，必须为幼儿营造一种宽松的、民主与平等的教育氛围，鼓励他们大胆地探索和表达，对自己充满信心，并在活动中耐心指导他们亲身体验，进而形成和发展其良好的心理品质。

（六）保密性原则

在幼儿心理健康教育过程中，教师和家长及相关人员对幼儿的心理问题等情况要保密，幼儿的隐私权应受到道德上的维护和法律上的保护。有些教师将幼儿测查的心理问题结果随意外传，是不符合研究伦理的。有些人将对幼儿的心理干预全过程公开在各种媒体上，这也是有违研究伦理的表现。

贯彻保密性原则，要求做到：尊重幼儿的合理要求和人格。成人切忌在幼儿面前议论其心理问题以及一些明显的缺陷，同时有责任、有义务对所有涉及幼儿心理健康的信息保密。公开议论幼儿的问题是教育者的失职，也是对幼儿人格的极大不尊重，这不仅要受到道德的谴责，严重的要负法律责任。

二、幼儿心理健康教育的途径

幼儿心理健康教育的途径很多，从已有的文献看，较为一致地提到发展性教育和补偿性教育两种途径。团体发展性教育较多讨论的是通过幼儿园的课程、日常活动、游戏活动等促进幼儿心理健康发展；个别发展性教育主要通过培养幼儿良好的心理素质及预防不良行为倾向等个别化措施促进一般幼儿的心理健康发展。补偿性教育采用比较多的是团体补偿和个体补偿相结合的教育方法。

（一）开设面向全体幼儿的心理健康教育课程

幼儿心理健康教育课程是指根据社会发展需要和幼儿身心发展的特点，有目的、有计划地引导全体幼儿自主参与一系列活动，在其自身的体检与感悟中提高心理素质、增进心理健康、开发心理潜能的一种新型课程模式。幼儿心理健康教育以发展性教育为主，因此面向全体幼儿开设心理健康教育课程是心理健康教育最重要和最直接的形式，与其他形式的心理健康教育相比较，它具有系统性、连续性和明确目的性等特点。

对幼儿开设的心理健康教育课程以活动课程为主，寓心理健康教育于活动之中。活动性是心理健康教育活动课程突出的特点。幼儿园心理健康教育的教学目标、教学内容、教学组织形式以及教学效果评价等方面都不同于一般教育，其重视幼儿直接经验的获得和实践的锻炼，让幼儿通过亲身感受、自主操作，在生活中学会体验、学会交往、学会寻找快乐。其中，游戏是幼儿社会实践活动最主要的形式之一，是幼儿最喜爱的主导活动，既可单独进行，也可集体进行，这对幼儿认知、情绪情感和社会性发展都起着积极的促进作用。

（二）心理健康教育渗透于五大领域课程之中

除了开设专门的心理健康教育课程外，幼儿心理健康教育完全可以渗透于五大领域课程的教学中。比如，语言活动中的表演活动，通过讲故事、猜谜、表演故事情节等，让幼儿在掌声中增强自信心，获得分享、合作体验和感受成功的快乐；科学活动中抓住幼儿对新鲜事物的好奇心，为幼儿提供观察、思考、操作和交流等机会，培养幼儿勇于探索、独立进取的精神和自主解决问题的能力；社会活动是对幼儿实施心理健康教育的重要载体，扩大幼儿接触社会的范围，逐步提高幼儿感受自然美和社会美的能力，培养幼儿热爱自然、热爱生活的积极情感及乐观向上的性格；艺术活动是陶冶幼儿美好心灵的天地，为幼儿创设表演区、美工区、绘画室和音乐室，定期组织小音乐会、联欢会、美工作品展等，让幼儿展现自我、交流信息、表达情感。实践证明：幼儿心理健康教育的开展与各领域教育是相融合的，只要教师把幼儿心理健康教育工作放在首位，关注每个幼儿的心理成长，无论进行何种活动，都是对幼儿实施心理健康教育的好时机。

（三）心理健康教育渗透幼儿一日生活全过程

陈鹤琴先生认为，儿童离不开生活，生活离不开健康教育，儿童的生活是丰富多彩的，健康教育也应把握时机。科学、合理地安排和组织好幼儿的一日生活，不仅有利于幼儿形成相对稳定的生活秩序，也可以满足他们的心理需要，培养其独立性，提高自我管理能力。通过日常生活常规指导和训练，可以帮助幼儿养成良好的行为习惯。幼儿日常生活的各个环节都蕴含着丰富的教育内容，既有德育、智育和养育等教育因素，也有心理健康教育因素；既有兴趣、情感成分，又有意志、个性成分，这些都是心理健康教育不可忽视的重要资源。在幼儿园，教师要善于挖掘和运用蕴含在教学内容中的心理健康教育因素，将主题活动的教育目标渗透或延伸到幼儿的一日生活中，使幼儿把积极的态度、情感落实在自己的实践活动上，真正形成健康的行为。幼儿园的各类活动都是实施心理健康教育的方式。如运动会、幼儿广播操比赛、献爱心活动、参观活动、室外游览活动、文艺演出活动和各类竞赛活动等，都可突出心理健康教育的内容。总之，全面渗透就是把心理健康教育融合到整个幼儿教育的全过程，在幼儿日常生活的各个环节和幼儿园教育工作的方方面面都维护幼儿的心理健康，注重培养幼儿良好的心理品质，使之潜移默化、耳濡目染。全面渗透是幼儿心理健康教育的主渠道和最基本的途径。

（四）创设安全、温馨、快乐的幼儿心理环境

环境是重要的教育资源。幼儿心理健康教育应通过环境的创设和利用，有效地促进幼儿发展。不仅要注重为幼儿创设清新、直接、丰富和优美的生活物质硬环境，更要为幼儿营造安全、温馨、快乐的心理软环境，诸如提高幼儿园教师和家长的心理素质，端正其教育态度和方式，创造相互尊重、理解、信任、关爱和民主的教育环境，使幼儿的基本权利得到保障，人格受到尊重等。许多研究表明，和谐的师幼关系将对幼儿社会性观念的初步形成、个性以及智力发展都具有十分重要的意义。

（五）家庭、幼儿园和社区通力合作

台湾心理学家张春兴指出：心理健康问题根源于家庭，形成于社会，表现于学校。幼儿心理发展取决于幼儿所处的心理环境，而家庭是其中相当重要的部分，早期环境留给幼儿的影响主要是通过父母的渠道实现的。在家庭教育中，家长不仅要关心幼儿的身体健康，更应当有意识地掌握一些心理健康的知识和技能，树立正确的儿童观、教育观，给孩子提供与同龄人交往和参与社会生活的机会，提供良好的示范榜样。良好的家庭氛围对孩子健康的情绪发展必不可少，如果幼儿得不到父母的情感抚慰，缺乏充分的安全感，就会被焦虑、抗拒和憎恨的情感所包围，由此产生一系列心理健康问题。幼儿园可以通过开设专门的心理健康教育讲座、座谈会、宣传栏等，提高父母自身的心理素质，充分利用社区的教育资源，拓展幼儿的生活与学习空间。幼儿心理健康的发展是家庭、幼儿园、社会环境等多方面教育因素合力的结果，要尽可能做到家园教育一致，保证幼儿心理健康教育的延续性和有效性，家园携手共同关注幼儿的成长。

（六）开展专门的心理咨询与辅导

心理咨询与辅导是幼儿心理健康教育的重要组成部分。它是指开设专门的心理咨询与辅导机构，由经过专业训练的心理咨询师运用心理学的理论和技术，借助语言、图片、玩具等载体，与幼儿建立一定的人际关系，进行信息交流，从而帮助幼儿消除心理健康问题与障碍，提高其心理素质，发挥其潜能，使他们能有效地适应社会生活环境的活动。心理咨询与辅导可以面向全体幼儿，开展小组或团体心理咨询与辅导，但更主要的是以遇到心理困惑或有强烈心理冲突与矛盾的个别幼儿为对象，关注他们的现在，针对具体问题和行为进行辅导，提高其应对挫折和各种不幸事件的能力，最终使幼儿能自己面对和处理生活中遇到的问题。

本章小结>>>

本章是本课程的导入部分，介绍了幼儿心理健康教育的入门知识与相关概念：幼儿心理健康的标志和判断标准，开展幼儿心理健康教育的意义，幼儿心理健康教育的发展态势，幼儿心理健康教育的目标、内容、任务、原则与途径。

思考与练习

1. 幼儿心理健康的标志和判断标准是什么？

2. 幼儿心理健康教育的目标、内容、原则和途径有哪些？

3. 小白眼睛大大的，长得白白胖胖，奶奶带着他到处炫耀，说她带养的孙子多健康可爱！但2岁半的小白两眼无神，不爱说话，只会简单的几个词语。小白健康吗？为什么？

项目实践

观看与本课程学习相关的三部心理电影：《看上去很美》《雨人》《叫我第一名》。

第二章　幼儿心理健康教育的理论基础

给我一打健康和天资完善的婴儿，并在我自己设置的特定环境中教育他们，那我可以保证，任意挑选出一个婴儿，不管他的才能、嗜好、能力、天资和他们祖先的种族如何，我都可以把他们训练成为我所选定的任何一种的专家——医生、律师、艺术家、企业家等，甚至也可以把他们训练成为乞丐或盗贼。

——行为主义学派代表华生

知识导图

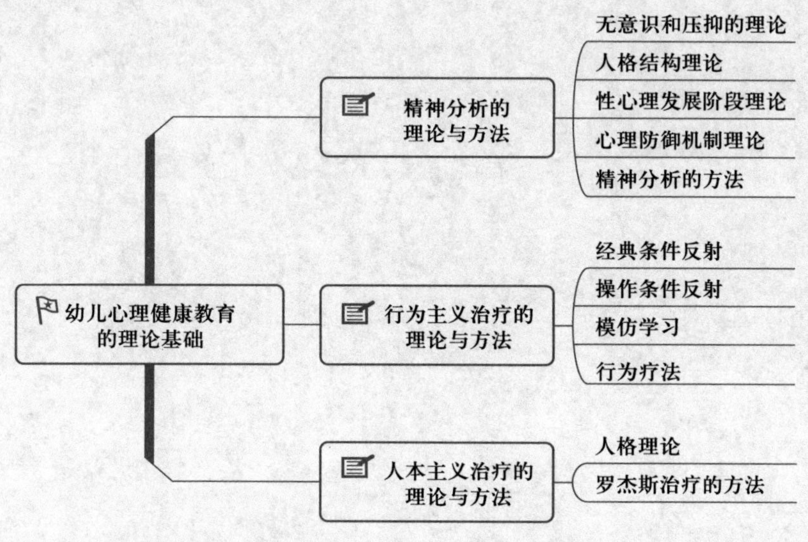

学习目标

- □ 理解：精神分析、行为主义和人本主义的基础理论。
- □ 了解：基本的儿童行为干预方法。
- □ 领会："以来访者为中心"的内涵及意义。

学习建议

- □ 对本章内容已有心理学基础和儿童发展心理学基础知识的学生，可采用自主学习的方式。
- □ 学生可登录"爱课程"网，观看本章的教学录像和其他相关学习内容。
- □ 由于本章基础理论较多，主要以课堂讲授为主，教师也可以演示相关心理学的干预技术。比如，讲到催眠的时候，让学生现场体验催眠。

幼儿心理健康教育与指导的过程，是一个运用心理学有关知识和技能解决实际问题的过程。幼儿心理健康教育与指导必须以心理治疗的理论为基础，以心理治疗的方法和技术为手段，达到帮助幼儿矫正问题行为、促进幼儿身心健康成长的目的。这些心理治疗的理论最初是从成人心理治疗发展而来的，尽管在儿童和成人心理治疗的应用方法上存在显著差异，但两者的基本原理是相同的。当前，心理健康教育的理论多种多样，辅导方法与技术日新月异，各种理论与体系仍然层出不穷。本书将对最具有代表性的理论与方法进行介绍。

第一节 精神分析的理论与方法

精神分析，又称心理分析，或心理动力学。奥地利心理学家弗洛伊德是精神分析学派的创始人。弗洛伊德的精神分析理论与方法对心理健康教育产生了极其重要的影响。它强调要考察幼儿问题行为背后的潜在影响因素，认为潜在因素是某种特定行为出现的根源。在幼儿心理健康教育指导中，该理论为教师考察幼儿为什么会出现某些问题行为提供了可能的解释，并提供了处理这些问题行为的策略。

在精神分析的基本理论中，与幼儿心理健康教育与指导有关的部分主要有：无意识和压抑的理论、人格结构理论、性心理发展阶段理论、心理防御机制理论。

一、无意识和压抑的理论

弗洛伊德认为，人的精神生活包括意识、前意识和潜意识三种意识水平。

意识是人们可以直接感知到的有关的心理部分。它直接引发人们的行为，但并非行为的原动力。人们可以了解它，能够控制它。在弗洛伊德的理论中，意识并不具有重要地位，它只是一个人心理活动的有限的外显部分。

前意识是指虽非目前意识到的，但可以通过努力变为意识的成分，它是意识和潜意识之间的中介环节。意识部分的内容要经过前意识才能进入潜意识之中，潜意识中的内容要达到意识层面会受到前意识的检查和抑制。

潜意识也称无意识，它是指被压抑而不能通过回忆召唤到意识中的部分，主要包括个体的原始冲动、各种本能和欲望以及童年期的大量经验。潜意识是个体过去经验的大贮藏库。那些无法得到满足的情感体验、本能欲望和原始冲动是被压抑到潜意识之中的，但它们并不肯安分守己地待在那里，而是在无意识中积极地活动着，不断地寻找出路，追求满足。

潜意识之中的各种本能冲动或动机、欲望一直都在积极活动之中，有时还很急迫，力求在意识的行为中得到表现。但因其是为社会道德、宗教法律所不能容许的，所以当其出现时，就会在意识中唤起焦虑感、羞耻感和罪恶感，因此加以抵抗，进行压抑。弗洛伊德认为潜意识的动机都是向上运动的，向外推的，而意识却施以相反的力量，即向下、向内紧压。这就是所谓压抑。压抑的功能是把主体的经历和回忆、各种欲望和原始冲动保藏起来，不让它们在意识中出现。但这些东西并未消失，而是一直潜伏着、活动着，在压抑的作用下存在于无意识之中的。

在弗洛伊德看来，潜意识心理表现的真正目的总是相当隐晦的，它通过象征、转换等潜意识作用机制的加工和掩饰，变得面目全非。揭示表面行为背后的真意，对于消除心理来访者的心理障碍至关重要。例如，癔盲的心理来访者，视觉机制没有任何器质性病变，但他们就是看不见。他们之所以看不见，是因为他们“不想”看见。这就是说，来自潜意识的一种抑制力，从心理上切断了其视觉通路。他们（潜意识）不想看见的原因，是看见了会使他们太痛苦。这种痛苦如此强烈，以至于心理来访者真的看不见他们不想看见的东西。

弗洛伊德把潜意识看作人类精神生活的决定性成分，并创造了探讨潜意识的各种技术。这种开创性的工作让我们认识到，个人的行为与心理还受超乎意识之外的因素的影响，人们只有了解自己的潜意识，才能真正了解自我，获得自由。对于幼儿心理辅导者而言，探索幼儿问题行为背后的潜在影响力量，从而有针对性地采取干预策略，这无疑是促进幼儿身心健康成长的一个路径。潜意识的观点对幼儿心理健康教育指导是具有一定价值的，但我们对潜意识的分析和解释应持慎重态度，切不可对潜意识进行随意的或扩大化的解释，同时也要防止将潜意识神秘化，认为其高深莫测，从而走向不可知论。

二、人格结构理论

弗洛伊德认为人格结构包括本我、自我和超我三个部分。本我属于生物性要素，自我属于生理性要素，而超我属于社会性要素。

本我代表着人最原始的一面，是由一切与生俱来的本能冲动所组成的。它潜存了人的各种欲望，如性欲、觅食欲望、求安全欲望和攻击欲望等。这些本能和欲望强烈地冲动着，不能忍受紧张，它会对紧张进行立即反应，以释放紧张和焦虑，而不顾及后果。因此，本我只受“快乐原则”的支配，其目的在于减轻紧张、避免痛苦、获得快乐。本我是非理性、非道德的，它一味地追求直接的、绝对的和立即的满足，永远不会成熟，也不会思考；它对事物演变不考虑逻辑关系；缺乏客观性和时空概念，常常以欲求或动作的方式直接表现出来。本我属于潜意识层面，但也可浮现在前意识或意识中。

自我是在儿童心理发展过程中，随着年龄的增长，逐渐从本我中分化出来的。人们能意识到的各种活动，如知觉、记忆、思考和动作，均是自我的机能。它能知觉自身的种种需要，并遵循“现实的原则”，在不危及个体和环境的前提下，尽量满足本我的欲望。概括起来，自我具有这样的特性：它是由本我中分化出来的，一部分是无意识的、一部分是有意识的，而主要是有意识的；它合乎逻辑，受现实原则的支配；它对本我中的东西有检查权，防止被压抑的东西扰乱意识；它还在超我的指导下，按外部现实条件，去驾驭本我的要求。自我可以说是同时在侍奉三个严厉的“主人”：本我、超我和现实。

超我代表着道德的标准和社会期望，它包括良心和自我理想两个部分。超我遵循道德原则，具有判断是非的标准。超我对自我进行诱导，使自我符合社会规范，使个体向理想努力，达到完善的人格。凡不符合超我要求的活动都将引起良心的不安、内疚甚至罪恶感。

弗洛伊德认为，在一个健康的人格之中，这三种人格结构的作用必然是均衡的。本我是求生存的必要原动力；超我监督、控制主体按社会道德标准行事；而自我对上按照超我的要求去做，对下吸取本我的动力，调整本我的冲动和欲望，对外适应现实环境，对内调节心理的平衡。如果这三种力量不能保持平衡状态，将会导致心理失常。幼儿心理辅导者的工作就是要帮助幼儿获得自我力量，从而使三者达到平衡。

三、性心理发展阶段理论

弗洛伊德是一个泛性论者，他把人的一切行为动机和社会生活的各个领域均涂上了性的色彩。他认为，以性欲为基础的种族本能背后有一种潜力，称为力比多，又称性力，它是一种力量、一种本能。这种性本能是人类一切心理和行为的主要基础。应该说明的是，弗洛伊德所说的儿童性生活不仅包括同生殖器有关的狭义内容，也包括使身体产生舒适、快乐的活动，如吸吮、排泄等。按弗洛伊德的观念，人的发展即是性心理的发展，这一发展从婴儿时期开始共划分为五个阶段，每个阶段的性活动都可能影响个人的人格特征，甚至成为导致今后心理疾病的根源。其中，儿童早期的经历对一个人其后的心理发展是至关重要的。

（一）口唇期（0—1岁）

这一时期的性感区是唇和舌，吸吮、咬和吞咽等口腔活动是满足性欲的主要方式。口唇期的重要性不仅在于饥饿时需求的满足，更重要的是吸吮动作带来的快感。如果口欲的需求未得到适当的满足或过度满足，就有可能出现发展滞留现象。例如，人的发展滞留在口唇期，将来可能形成诸如吮吸手指、咬手指甲、抽烟、滥吃东西等习惯。

（二）肛门期（1—3岁）

这个时期的性感区主要在肛门区域，快感主要来自对粪便的排出与克制，以及触弄和玩耍大小便。在这一阶段，父母对孩子大小便训练的态度和方式对儿童人格发展产生持久影响。例如，儿童因随地大小便而受到严厉惩罚，以后就有可能形成压抑、强迫、自卑等性格特征；而如果一味地任其排泄不加管制，以后就有可能形成肮脏、凌乱、浪费、做事缺乏条理等不良行为习惯。

（三）性器期（3—6岁）

在这个时期，性感区从肛门区域转移到生殖器区域。儿童开始有了自己的“性生活”：一方面通过玩弄生殖器而产生快感，另一方面开始依恋异性父母，即男孩产生恋母情结，女孩产生恋父情结。这一阶段发展的滞留或失败可能导致日后的性别认同问题，影响其与同性或异性的关系。

（四）潜伏期（6—11岁）

按照弗洛伊德的理论，当儿童经过性器期后，他们的力比多冲动就处于暂时的潜伏状态，性兴趣被其他兴趣，如探索外界环境、参加文艺体育活动、学习知识、与同伴交往等取代。

（五）生殖期（12岁以后）

随着性器官的成熟，儿童的性冲动再次萌发，他们开始对异性产生兴趣，喜欢参加由两性组成的集体活动。这时儿童的心理发生了根本的转折，从“自恋”转变成为“异性恋”。他们逐渐摆脱对父母的依赖，建立自己的生活。

弗洛伊德认为，性心理的发展过程如不能顺利进行，停滞在某一发展阶段，即发生固着；或个体在受到挫折后从高级的发展阶段倒退到某些低级的发展阶段，即产生了退行，就可能导致心理的异常，成为各种神经症、精神病产生的根源。

四、心理防御机制理论

心理防御机制是自我的一种防卫功能，很多时候，本我与现实之间，本我与超我之间，存在着矛盾和冲突，使人感到焦虑和痛苦，这时自我就会在不知不觉中启动防御机制，调整冲突双方的关系，使超我的监察可以接受，同时本我的欲望又可以得到某种形式的满足，从而缓和焦虑，消除痛苦，这就是自我的心理防御机制，它包括压抑、否认、投射、退行、移置、合理化、反向、补偿、升华。

（1）压抑。压抑是把不能被意识所接受的冲动、欲望、情感压制到潜意识中去的心理防御机制。压抑有两种情况：一种是对本我中先天本能的冲动和原始欲望的压制；另一种是对个人后天生活中的痛苦经验和不良欲望的压抑。被压抑的痛苦经验或冲突，实际上并未真正消失，只是由意识领域转入到潜意识领域，并且，常常以伪装的方式表现出来，以求得到暂时满足。像梦中的言行，就是被压抑到潜意识中的愿望，趁着意识的辨别能力较弱时出来活动的现象。

（2）否认。否认是指有意或无意地拒绝承认那些不愉快的现实以保护自我的心理防御机制。例如，当父母离婚时，父亲的离家可能会被儿童想象成是父亲的工作所需，成人对事实的扭曲是为了保护儿童远离那些令其不舒服的情绪。否认使人逃离现实，是一种消极的自我防御机制。

（3）投射。将自己不喜欢或不承认的性格、态度、观念等投射给别人，看成是别人具有的东西，以免除不安和焦虑。现实中我们大多数人都无意中使用过这种防御机制。例如，某些存在自卑心理的人感觉自己事事不如人，就认为别人也是这样看待自己的；自己不真诚，就认为别人也不真诚；儿童不喜欢某个小朋友，便说那个小朋友讨厌自己。

（4）退行。退行是指当人受到挫折、无法应付时，放弃已经学会的成熟态度和行为模式，使用较幼稚的方式来应对的心理防御机制。例如，当一个新出生的婴儿降临到家庭中，该家庭中大一些的幼儿可能会产生生气和嫉妒等强烈情绪，感觉受到威胁并担忧。但当他们知道表达一种高度敌意是父母所不能接受的行为，自己也可能因此被疏远时，他们可能采用“婴儿式”行为来处理压力。通过这种行为，幼儿认为尽管有新生命的到来，但他们仍然能够获得持续的重视和关心。

（5）移置。移置是指个体将对某人或某事物的情绪反应（多指消极情绪）转移到另一对象，以寻求发泄的过程。如，幼儿在游戏中因为受到阻碍，于是将愤怒情绪转向玩具，将玩具推倒或破坏，就是移置的表现。

（6）合理化。又称文饰作用。指个体遭受挫折，或无法达到所追求的目标，以及行为表现不符合社会规范时，给自己编造一些似乎合理、自己可以接受的理由，以避免精神上的苦恼。例如，狐狸吃不到葡萄就说葡萄是酸的；鲁迅小说中的阿Q在挨打时，口里念叨着“儿子打老子”，以获得心理平衡。

（7）反向。把原来要表达的愿望或想法表达为相反的愿望或想法，借以压抑原来那种可能会造成不良后果的愿望或想法。比如，当很憎恨某人但碍于某些原因，不便表现出来时，反而以非常友好的态度对待他。

（8）补偿。是指个体利用某种方法来弥补其生理或心理上的缺陷，从而掩盖自己的自卑感和不安全感。例如，某人因身体有缺陷而刻苦学习，以优异的成绩赢得别人的尊崇。

（9）升华。把被压抑的不符合社会规范的原始欲望和冲动，以社会赞许的、高尚的方式呈现出来，就称为升华。如用唱歌、跳舞、绘画、创作等形式来替代性本能冲动的发泄。升华是一种积极的防御机制。

五、精神分析的方法

精神分析理论认为行为症状均具有特殊的意义，是本我的冲动、欲望与自我冲突的结果，是伪装了的、无意识的症结。通过精神分析，就可以寻找症状背后无意识的动机，使之走进意识的层面，即通过精神分析使来访者认识到其无意识中的症结所在，真正了解症状的真实意义——产生意识上的领悟，症状便可消失。

精神分析有如下几种主要方法。

（一）自由联想

心理辅导者引导来访者尽可能地将心中话表达出来，不管内容是多么地琐碎、无逻辑、不清楚，来访者仍要直觉地、不假思索地报告出来的方法。在自由联想的过程中，心理治疗者的任务是鉴别与解析潜意识中被压抑的事件与来访者症状有关联的资料。来访者通常被单独安置在一个安静的环境里，舒适地躺下或坐好，而心理治疗者则坐在其后，这样才不至于在来访者自由联想的时候受到限制。

观看《课堂演示自由联想法》，了解如何运用自由联想法。

（二）梦的分析

弗洛伊德认为“梦，并不是空穴来风，不是毫无意义的，不是荒谬的，也不是部分昏睡、部分清醒的意识的产物。它完全是有意义的精神现象。实际上，它是一种愿望的达成。它可以说是一种清醒状态、精神活动的延续。”弗洛伊德认为神经症来访者梦的内容与被压抑的潜意识的幻想有着某种联系。他认为睡眠时自我的控制减弱，潜意识中的欲望得以表现。但是人的心理防御机制仍然存在，经过象征化、凝结、置换等方式“化装”，梦的内容变得荒诞不经，难以理解，这是人们能讲出的梦的显意。其背后都有隐意，对梦的分析就是要揭示梦的隐意。

（三）阻抗的分析

阻抗是来访者有意识或无意识地回避某些话题，有意识或无意识地使咨询重心偏移。弗洛伊德认为，来访者阻抗的原因是一种潜意识的防御作用，防卫潜意识中的不合理欲念浮现到意识层面时会感到羞愧和焦虑。由此可见，在自由联想中，凡是心理来访者对其生活经验的陈述表示阻抗时，其中必有原因。而其中的原因，极可能就是其心理病因之所在。这种化解阻抗，让他把心中任何隐秘都说出来的方法，称为阻抗分析。分析之后，可使来访者将内心中压抑的矛盾和冲突尽情倾诉，从而舒解其紧张的情绪。

（四）移情的分析

在长时间的心理辅导中，幼儿有时会把对自己父母、亲人的感情转移到心理辅导者身上，即把心理辅导者当成自己的父母、亲人或他生活中另一个重要的成人，这时移情就发生了。这种行为的出现是因为幼儿将他们对重要人物的信念投射到了心理辅导者身上，认为心理辅导者很像这个重要人物。移情有两种：一种幼儿将隐藏在内心中对别人的爱意转到心理辅导者身上，称为正移情；另一种是儿童将隐藏在内心中的恨意转移到心理辅导者身上，称为负移情。自然，心理辅导者可能会不经意地陷入另一种境地，他们扮演了幼儿认为的角色并做出相应的反应，这种现象称为反移情。当幼儿引发了心理辅导者自身未解决的问题或来自过往的联想时，反移情就可能出现。

在幼儿心理辅导过程中，幼儿经常将指向父母的情感或想象迁移到心理辅导者身上。然后，心理辅导者可能不经意并且无意识地陷入反移情。例如，当一个孩子被父母拒绝后，他可能不能够面对这种痛苦的事实，然后把属于对父母的负面特征投射到心理辅导者身上，认为拒绝他的就是心理辅导者，这时负移情就发生了，于是幼儿对心理辅导者的态度就可能是负面的，而心理辅导者可能未加思考地就以拒绝儿童要求的家长形象出现，这时反移情就发生了。在心理分析过程中，移情与反移情的出现有时是一种不可避免的现象，必须加以识别并得到恰当处理，否则可能影响治疗或辅导效果。如果幼儿持续地把心理辅导者当家长对待，而心理辅导者也持续地表现得像家长，这种辅导就会受到影响。透过移情分析，心理辅导者有机会去具体地观察和了解幼儿及自身的人际关系和以往的感情经验，并解析问题行为的冲突所在。

（五）对日常生活的分析

弗洛伊德特别注意分析日常生活中大量的、常见的遗忘、口误、笔误、疏忽等过失现象。他认为，这些现象的出现不是偶然的，而是具有一定的意义和目的的，往往隐藏着潜意识的欲望和动机，是意识和潜意识矛盾斗争的结果。若对日常生活中的各种过失行为加以分析，就可以透过过失表层现象，了解潜意识的内在动机。

（六）阐释

在精神分析过程中，阐释是最重要的一种方式。阐释，是心理辅导者根据心理来访者在自由联想、对梦进行陈述、移情以及抗拒等行为中所得的一切资料，耐心诚意地向来访者解析，使他了解自己所表现的一切有什么深一层的意义，从而领悟到心理治疗者所阐释的就是困扰他的心理问题。

第二节　行为主义治疗的理论与方法

行为主义治疗的基本理论主要来自行为主义的学习理论。行为主义学派认为，人的一切行为，包括适应性行为和习惯，都是通过学习而获得的。

一、经典条件反射

巴甫洛夫在用狗研究消化时观察到：狗吃食物时会引起唾液的分泌，这是先天的反射，称为无条件反射。给狗听铃声，不会引起唾液分泌，但如果每次给狗吃食物之前出现铃声，这样反复多次以后，铃声一响，狗就会出现唾液分泌。铃声本来与唾液无关（称为无关刺激），由于多次与食物结合，铃声就具有引起唾液分泌的作用，铃声已成为进食的“信号”了。这时，铃声已转化为信号刺激（即条件刺激），这种反射就是条件反射，也称应答性条件作用。可见，形成条件反射的基本条件就是无关刺激与无条件刺激在时间上的结合，这个过程称为强化。若条件刺激多次出现，而没有无条件刺激的强化，这个条件反射就可以消退。

华生很早就利用应答性条件反射作用的知识进行实验，他在原来很喜欢动物的幼儿背后击锣发出声响，引起恐惧反应。反复数次后，在小白鼠与巨响之间建立了条件反射。于是，当动物出现时，幼儿就表现出了恐惧、哭闹、不安。并且幼儿的这种恐惧情绪反应扩及其他带毛动物。华生认为，心理学研究对象是可观察的行为而不是意识，是刺激与反应之间的对应关系，并通过这种关系来研究行为，公式表述为：S（刺激）－R（反应），最基本的刺激－反应的联结称为反射。华生认为，通过刺激可以预测反应，通过反应可推测刺激。想要儿童习得预期的行为，只需控制刺激，以产生相应的反应，并使之习惯化，这样就能达到塑造行为的目的。由此，华生认为，个体的学习实质就是通过建立条件作用、形成刺激－反应联结的过程。在教育教学中，许多幼儿对学习的态度也可能通过条件作用建立。如，在科学活动中，幼儿被要求当众回答自己不会的问题，或者被教师批评，会引起幼儿的焦虑反应，而这种不愉快的情绪体验则可能与科学活动建立联系，形成对该活动的恐惧反应，并可能将这种条件作用泛化为对其他活动甚至幼儿园的恐惧。

华生否认遗传在人的心理发展中的作用，认为对儿童行为的塑造起决定性作用的是环境。华生认为，我们无论成为什么人，都是后天学习的结果。而且，人类不良行为也可以通过学习而设法消除掉。

二、操作条件反射

对行为主义和学习理论有重要贡献的心理学家斯金纳提出了操作条件反射理论。斯金纳认为，行为不仅包括应答性行为，即经典行为主义和条件反射中由刺激引起的反应性行为，还包括操作性行为。前者可以找到明显可见的刺激物，正是该刺激物的作用，引发了有机体的行为，存在着刺激－反应的联结；后者不需要外部刺激引发产生，而是有机体自发的操作。应答性行为比较被动，由刺激控制；操作性行为代表有机体对环境的主动适应，由行为的结果所控制。人类的大多数行为都是操作性行为，如游泳、写字等。

斯金纳操作条件反射实验[①]

斯金纳为了研究操作性行为，设计了一个精巧的箱子，又称为“斯金纳箱”，如图2-1，箱内设有特殊装置——杠杆或键，箱子的构造尽可能排除一切外部刺激。在箱内放进一只饥饿的白鼠，白鼠可在箱内自由活动，当它压杠杆时，就会有食物掉进箱子里的盘中，箱外有一装置记录白鼠的动作。实验开始时，饥饿的白鼠在箱子里面到处乱跑以寻找食物，偶然一次按压杠杆，获得了食物，经过几次重复后，白鼠不再到处跑了，它学会了按压杠杆以获取食物，这时，小白鼠按压杠

① 孟昭兰.普通心理学［M］.北京：北京大学出版社，1994：249-253.

杆的行为就是操作性行为。

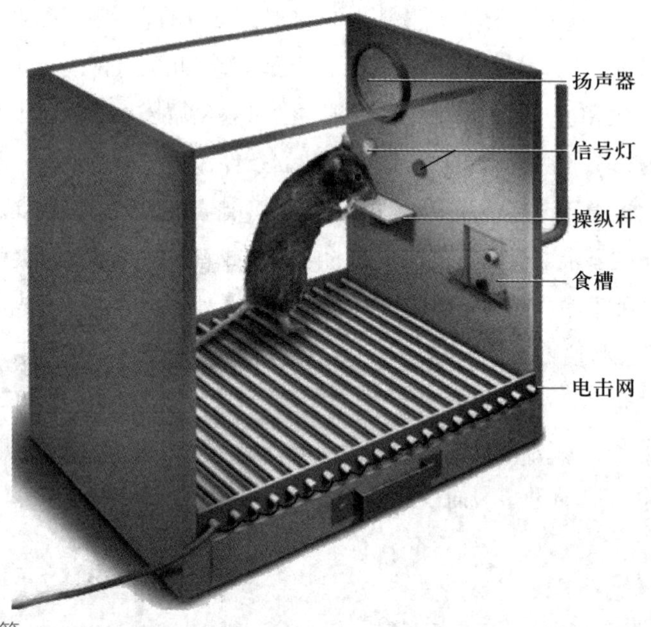

图2-1 斯金纳箱

斯金纳操作条件反射实验的结果表明，行为的结果直接影响了行为的发生频率，如果行为的结果是奖励性的，那么行为的发生频率就会增加；如果奖励性的结果不再出现，行为的发生频率就会逐步减少直至消失。例如，小白鼠每次按压杠杆后没有出现食物，白鼠已经习得的压杆行为就会逐渐停止。因此，斯金纳认为，强化作用是塑造行为的关键，任何习得行为都与及时强化有关。强化分为正强化和负强化，前者是指由于一个刺激的加入而增强了一个操作性行为发生的频率的作用，如婴儿偶尔无意识地发出一声“妈妈”，母亲便立即报以微笑、亲吻等，母亲的反应构成了对孩子行为的强化，几次之后，孩子便学会了叫“妈妈”；后者是指由于一个刺激（通常指厌恶刺激）的排除而加强了某一操作性行为发生的频率作用。例如，某孩子因为惧怕父母的唠叨而主动做家务，在这一过程中，父母的唠叨对孩子来说是厌恶刺激。

斯金纳的操作性行为理论对幼儿塑造良好行为和矫正不良行为有很好的指导作用。依照斯金纳的看法，幼儿之所以做某件事，是想得到成人的注意。因此，当幼儿出现良好行为时，成人立即予以表扬、肯定和鼓励，幼儿就会愿意重复良好行为以获得成人的肯定和关注，渐渐地，幼儿就养成了这个良好的行为。但是在生活中，我们会发现，大多数成人对幼儿的良好行为不予肯定，对不良行为给予批评、呵责，那么，在幼儿心理就形成一个印象：我这样做（指不良行为），可以得到更多的关注。幼儿就会选择重复不良行为以获得成人的关注。很多时候，正是成人对幼儿不良行为的关注强化了幼儿的不良行为。其实，对幼儿的不良行为可以暂时不予理睬，排除对他的注意，幼儿的这种不良行为就会由于得不到强化而逐渐消退。

案　例

有人曾做过这样的对比实验，实验分为A、B两组，A组成人在幼儿摔倒后马上去抱起孩子，并给予一定的爱抚；B组成人在幼儿摔倒后则佯装不知，不予理睬。观察一段时间后，他发现，A组幼儿每次摔倒后都会放声大哭，待到成人抱起后，哭声才停止；而B组幼儿刚开始也会大哭，但哭一会儿后就会自己站起来继续玩耍。最后，他得出一个结论：幼儿会根据成人的反应来选择自己的行为。

三、模仿学习

模仿学习原理又称社会学习原理，是班杜拉在对幼儿进行了大量的实验研究后提出的。他认为个体仅仅可以通过观察其他人的行为反应就可以达到模仿学习的目的。观察学习是个体社会学习的一种最重要的形式。班杜拉指出，观察的学习机制不能简单地用操作条件反射的原理进行解释，它是由注意、保持、动作复制和动机建立四个相互联系的阶段构成的，各阶段分别受一系列变量的影响。这四阶段被认为是社会模仿学习必备的阶段。除此之外，人们还注意到被模仿人的特征、观察者的特征和观察者的参与程度也是影响模仿学习的因素。

模仿学习理论认为，人的大量行为都是通过模仿而获得的，人的不良行为也常常是通过这一方式而形成的。比如，幼儿看到成人或电视中的攻击性行为，自己就会变得具有攻击性。

班杜拉的观察学习实验[①]

班杜拉的观察学习实验是这样进行的：他以3—6岁的儿童作为研究对象，并把他们分为三组，分别观看成人攻击充气娃娃的录像。第一组儿童看到成人的攻击性行为受到另一成人的表扬和奖励；第二组儿童看到成人的攻击性行为受到另一成人的呵责和训斥；第三组为控制组，只看到成人的攻击性行为。然后把这些儿童单独领到一个房间里去。房间里放着各种玩具，其中包括洋娃娃。在十分钟里，观察并记录他们的行为。结果发现，看到成人的攻击性行为受惩罚的一组儿童，同控制组儿童相比，在他们玩洋娃娃时，攻击性行为显著减少。反之，看到成人攻击性行为受到奖励的一组儿童，在自由玩洋娃娃时模仿攻击性行为的现象高于其他两组。

① 孟昭兰.普通心理学［M］.北京：北京大学出版社，1994：264-266.

四、行为疗法

行为疗法也叫行为矫正法，是建立在行为学习理论基础上的一种心理治疗方法。其核心思想是认为人类的绝大多数行为，不论是正常的还是异常的，都是通过学习获得的。因此，个体可能通过学习消除那些习得的不良或不适应行为，也可通过学习获得所缺少的适应性行为。常见的行为治疗方法有以下四种：（1）强化法；（2）放松训练法；（3）系统脱敏法；（4）模仿学习法。这些技术非常符合幼儿的年龄特点，在幼儿心理健康教育中常被广泛运用，因此，将在本书第四章第二节中详细介绍。

第三节　人本主义治疗的理论与方法

人本主义心理学被称为心理学中的“第三势力”，是由许多具有类似观点的心理学家共同发起的一种心理学界的革新运动，主张研究人的价值和人格的发展，其代表人物有马斯洛、罗杰斯、罗格·梅等人。在这些人本主义心理学家的理论中，罗杰斯的“非指导性治疗”对心理咨询与治疗产生了积极和深远的影响，对儿童心理健康教育与指导有重要的指导价值。本节主要介绍罗杰斯人本主义治疗的理论与方法。

一、人格理论

罗杰斯是人本主义的代表者。

他的人格理论是以“自我”为核心的，故又称“自我理论”。这种理论的中心思想是：人们必须依靠自己发现、发展和完善隐藏在内心深处的“自我”，依靠他自己在这个世界中获得的经验，并借助情感和认知合二为一的认识途径，形成一个充分独立的、创造性的，充满着真实、信任和移情性理解的“完整的人”。

（一）对人的基本看法

罗杰斯否定了心理分析对人的那种悲观消极的看法，也不赞同人是不可信的。他认为，人具有自我实现的内在动力，人能够依据我们对现实的知觉来构建我们自己。他的人性观是积极的、乐观的，他对人有极大的信心，认为人基本上是诚实的、善良的、可以信赖的。他强调每个人的价值和尊严。他相信：

（1）人是理性的，具有自主性，能对自己负责，有积极的人生取向，有控制自己的能力，因而可以独立自主，促进自身成长，迈向自我实现。

（2）人是建设性的、社会性的，值得信赖，可以合作，懂得尊重他人，能够对他人产生认同感的了解，发展亲密的人际关系。

（3）人有能力去发现自己心理上的适应不良，可以通过改变自己来寻求心理健康。人的负性情绪（如失望、恼怒、悲痛、敌视等）的出现，是由于人在爱与被爱、安全感与归属感等基本需要上受到了挫折，得不到满足。

总之，罗杰斯深信人最基本的生存动机就是全面地发展自己的潜能，以使自己成长并自我实现。这种积极的人性观对心理辅导与治疗具有深远的意义。

（二）人格的自我理论

罗杰斯认为，自我概念是人格形成、发展和改变的基础，是人格能否正常发展的重要标志。

罗杰斯还提出了理想自我的概念。理想自我是一个人所希望的自我形象。自我实现的需要是人格结构中唯一的动机。正是由于人有自我实现的需要，有机体的潜能才得以实现、保持与增强。凡是与自我实现趋向一致的体验，是令人满意的，可引起个体对它的接近与满足；凡是与自我实现趋向相矛盾的体验，则是令人不快的，会引起个体的回避与消除反应。在任何情况下，如果发现对自己经验的直觉出现歪曲和否认，就会出现心理上适应不良的状态。心理适应不良的程度取决于自我概念与经验之间的不和谐程度。

罗杰斯认为，一个人的自我概念极大地影响着他的行为。心理变态者主要是由于他有一种被歪曲的、消极的自我概念的缘故。如果他要获得心理健康，就必须改变这个概念。因此，心理治疗的目的就在于帮助来访者创造一种有关他自己的更好的自我概念，使他能自由地实现他的自我，即实现他自己的潜能，成为功能完善者。罗杰斯认为，只要人与人之间无条件地真诚地尊重、关怀，个体就能够调节自己的经验，使自我更趋于理想自我，更完善、更成熟。

二、罗杰斯治疗的方法

（一）罗杰斯治疗的条件

罗杰斯对有效的治疗所必备的条件进行了如下概括：

（1）来访者和心理辅导者必须有心理上的沟通。也就是说，他们必须对对方的现象场（根据人所能知晓的主观世界对客观世界的独特反映）有所影响；

（2）来访者处于失调状况之中，因此是脆弱或焦虑的；

（3）心理辅导者必须给来访者无条件的关怀；

（4）心理辅导者必须理解来访者，并与来访者共情；

（5）来访者必须领悟心理辅导者提供给他或她的无条件关怀。

（二）罗杰斯辅导或治疗的主要方法

具体而言，罗杰斯辅导或治疗主要有三种技术：一是促进设身处地的理解技术，二是坦诚交流的技术，三是无条件积极关注的技术。这三种技术都围绕着与来访者建立开放、信任的相互关系而进行的，目的是帮助来访者达到自我的了解和促进自我的成长。其中最著名技术是情感反应，即心理辅导者对来访者通过语言或非言语行为所表露出来的情感活动给予准确、及时的理解和反应，从而帮助来访者对自我情感进行了解。

来访者：考试之后我的成绩很低。但我并不认为自己做得很差。

辅导者：你对你的考试成绩感到吃惊，也很烦恼，因为在你的预料中成绩不应这么糟。

这种情感的反映，可以帮助来访者从更广泛范围内认识他的问题和深层的个人意义。可以这样说，所有个人中心疗法的技术的重点都在于关注、理解来访者并协助其自我开放、自我认识和自我潜能的发展。

（三）罗杰斯治疗的程序

按罗杰斯的说法，心理治疗工作必须经由以下四步程序。

1. 掌握真实的经验

聆听了来访者自我陈述之后，心理辅导者可鼓励来访者以其真实自我为基础，以开放的和不受别人影响的独立态度重新体会和认识以前的经验。此外，对于不确定的或不甚了解的暧昧性问题情境，也鼓励来访者在不依赖别人的情形下尝试独立和耐心地寻求答案。如此这般地重温旧经验和吸收新经验，来访者才会学习到如何掌握真实的经验。

2. 找回失去的信心

凡是失去真实自我的人，为了取悦别人、获得别人的赞许，常会失去对事情自主导向的信心。因此，在心理治疗之初，来访者在陈述自己的问题之后总希望心理辅导者直接告诉他问题的答案，或直接帮助他解决困难。心理辅导者这时必须遵守“非指导”原则，只鼓励来访者自己尝试获得成功经验，以找回他失去的信心。

3. 走出自己的天地

找回失去的信心之后，心理辅导者应当更进一步鼓励来访者由试图取悦他人转向内省，自行检讨。对事理的是非善恶判断不再一味地仰人鼻息和听凭别人裁决，而是从亲身体验中学到价值感（自己觉得是好的或是对的），最终根据价值观建立自己的价值标准并对事理进行价值判断。能够对事理独立进行价值判断，就是人格独立的具体表现，唯有人格独立才会有自己的生活天地。

4. 培养成长的能力

在以来访者为中心的心理辅导过程中，心理辅导者除鼓励来访者掌握真实经验和学习独立判断之外，还应让来访者知道，在随时会遇到困难的人生旅途上，适应环境绝没有灵丹妙药或锦囊妙计可用。善于适应生活困境的人，除事先能未雨绸缪和遇事能随机应变之外，实在没有其他更好的策略可用。因此，成功的治疗法，并不是心理治疗者单方面负责“处方”以“治疗”来访者的“心病”，而是借助心理治疗的过程协助来访者澄清自己的观念、修正前进方向、重定生活目标，在漫长的人生旅途上从生活实践中自我成长的人，才会有自我实现的可能。

总之，罗杰斯认为，心理治疗的过程就是一个自我的教育、变成自己的过程。而要想真正实现自我的潜能，来访者必须首先使经验开放，即乐于接受刺激，而无须防御；其次必须重视当下的生活，即随时随地去体验新鲜的、流动的、变化的生活，不封闭，不僵化。最后，他必须对自己的机体不断增加信赖，即建立自信心，相信自己能满足自己的需要。这样，来访者变成了一个经验开放的、一个生活在现实中的人，一个有自信心的人。也就是说，他实现了自我的潜能，成为了一个功能完善者。

在幼儿教育过程中，如何体现人本主义思想？

本章小结>>>

1. 精神分析的理论包括无意识与压抑的理论、人格结构理论、性心理发展阶段理论、心理防御机制理论；精神分析常用的方法有自由联想，梦的分析，阻抗的分析，移情的分析，对日常生活的分析、阐释。

2. 行为主义治疗的理论包括经典条件反射、操作条件反射、模仿学习；常见的行为治疗法包括强化法、放松训练法、系统脱敏法、模仿学习法。

3. 人本主义治疗的理论主要是罗杰斯的人格理论，方法是罗杰斯治疗的方法。

 思考与练习

1. 结合实际，谈谈自己常用的防御机制。
2. 简述斯金纳操作行为主义的基本观点。
3. 简述班杜拉模仿学习理论的基本观点。

 项目实践

观看与本章学习相关的心理电影：《爱德华大夫》《放牛班的春天》，并说说电影里所涉及的心理知识有哪些。

第三章 幼儿心理健康评估

权然后知轻重，度然后知长短。物皆然，心为甚。

——《孟子·梁惠王上》

知识导图

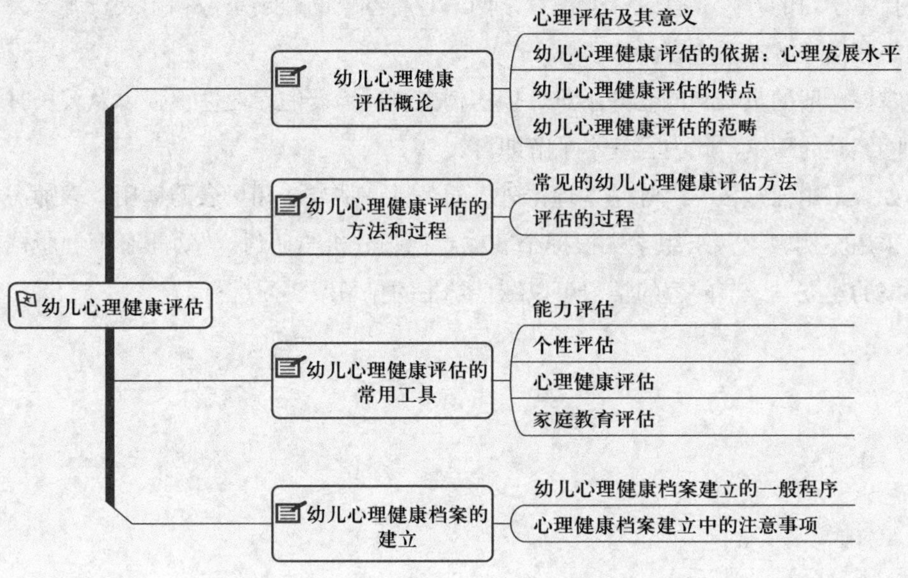

学习目标

- □ 了解：幼儿心理健康评估的特点、范畴、常见方法、基本流程和常用工具。
- □ 掌握："Conner 儿童行为问卷（教师用量表）"等量表的用法。
- □ 应用：运用相关量表对幼儿心理健康程度做出评估，能够建立一份简易的幼儿心理健康档案。

学习建议

- □ 对于儿童发展心理学和教育科研方法领域基础较好的学生而言，本章可采用自主学习的方式。登录"爱课程"网，观看本章的教学录像和拓展资源，会更容易理解本章内容。
- □ 掌握一般的量表和问卷并不难，但房树人测验需要的专业性很强以及较长时间经验的积累，此内容基本了解即可。
- □ 如果采用课堂教学，除基本理论外，对各种评估方法和量表的运用，教师需采用案例教学，组织学生根据个案或者视频分析与研讨。"幼儿心理健康档案的建立"一节内容的学习可以结合学生的见习或实习进行。

第一节 幼儿心理健康评估概论

我的孩子性格内向，胆小。听老师说，她最近在幼儿园里很少与老师和小朋友交谈。平时独来独往，爱在一旁观看别人的活动，自己却很少参加。上课时常常无精打采，面无表情，对什么事情总是提不起兴趣。我的孩子这么小就得了抑郁症吗?

小明是个5岁多的小男孩，总体上淘气中透着可爱，但做事无持续性，自我约束力差，课堂上没有老师的叮嘱是从来不听讲的，有时还情不自禁地大声说话。另外，他还爱惹事，许多同学都受到过他的攻击。小明是多动还是好动呢?

欢欢其实是个比较爱笑的孩子，但遇到一点困难就开始哭，吃饭时不及时给他勺子，他哭；小朋友碰到他，他也哭；自己不小心摔倒了，也要哭上一会儿。老师问他时，他只是以点头或摇头来回应，从不主动表达自己的情感。欢欢的情绪发展是否出了问题?

像上述案例中这些父母和教师一样，你也许会发现孩子的某些方面似乎有些不对劲，但这是成长中暂时的表现，还是确实有某种心理问题呢？要进行准确的判断，严格的心理健康评估是不可缺少的环节。

一、心理评估及其意义

评估(assessment)又译为评量、评定，是根据某些标准，对所测量到的数值予以价值判断。心理评估(psychological assessment)是依据相关的心理学理论，使用测验或其他测量手段，获取个体行为和成就的数据，然后对人的心理品质及水平进行鉴定。

对不少家长来说，“心理”似乎是个很神秘又说不清楚的东西，能够对它进行评估吗？其实，早在1400多年前，《颜氏家训》中就记载了民间测试婴儿心理发展的方法——“试儿”，通过“抓周”观察婴儿视觉现象的反应。我国民间流行的七巧板、九连环，也可以看作创造力测验的最早方案之一。

在西方，19世纪末，法国心理学家比纳和西蒙编制了比纳－西蒙智力量表，该量表虽然不是专门的幼儿智力测验，却指出了3岁、5岁、7岁幼儿可以做到什么，因此可以把它看作幼儿心理测验的开端。真正最早把幼儿作为重点进行测验而且影响最大的人物，是美国耶鲁大学教授、儿童心理学家格赛尔。他从1916年开始，经过长达数十年的系统研究，于1940年发表了评估婴幼儿行为的“格赛尔发展顺序量表”。通过对儿童的心理状态和行为表现的评定，从群体中鉴别出有行为问题和心理发展障碍的儿童，从而有针对性地进行早期干预和治疗。

20世纪60年代以后，以美国为中心，对幼儿的评估和测量工作大范围展开，对幼儿的评估内容更加全面，不仅包括智力测验，也包括幼儿行为、性格、情感和社会性等方面的评估。评估方式也由单纯的智力测验扩展为观察记录法、建立幼儿成长档案袋法（或成长记录袋）和对幼儿日常行为习惯进行评价等多种方法的相互结合，评估的目的也由原来的区分、选拔，变得倾向于诊断、了解幼儿的发展状况。

时至今日，心理评估已经是心理干预的重要前提和依据，同时也可以对心理干预的效果和发展程度进行精确的判定，对幼儿的心理发展具有如下重要意义。

首先，幼儿心理健康评估可以诊断幼儿发展中的缺陷，特别是对于还不能准确表达自己遇到困扰的幼儿，尤为重要。评估是正确地认识幼儿心理发展状况，从而有针对性地实施早期教育，以及对幼儿的心理障碍进行早期干预、早期治疗的重要依据。

其次，通过评估还可以了解幼儿在不同领域（如动作发展、言语发展等）的发展状况，找到更适合幼儿自身发展的教育方式。另外，通过评估和测量，还可以发现某些特殊儿童，例如智力超常儿童，以方便对其潜力进行更好的开发和培养。

最后，对于幼教工作者而言，了解幼儿发展的具体状况，不仅可以适时调整自己的教学行为和方式，改进工作，使教育活动顺利进行，而且可以通过反思测量和评价结果，促进自身的专业成长。

二、幼儿心理健康评估的依据：心理发展水平

由于幼儿的语言和自我感知能力还处在初步形成当中，他们不能有效地描述自己的内心体验，因此，对幼儿的心理健康测量最好通过父母或者照看者来实施；其测量标准，通常是看他能否达到大多数幼儿相应年龄段所具有的发展水平。

（一）动作发展

婴幼儿的动作发展包括躯体大动作和手指精细动作。新生儿应具有一些简单的动作反射，婴儿应会吮吸塞入口中的奶头，转向接触嘴角的物体，握紧放在手

掌上的东西；满20天时，俯卧着的婴儿应可把头平举起来；满月时，婴儿凭借自身的力量应可移动；4个月时，婴儿借助支撑应可坐1分钟；9个月时，婴儿应能独自坐起来，借助支撑可站起来；10个月时，婴儿应能用手和膝爬行；11个月时应能独自站立；12个月时应能由别人拉着走；13个月时应能独立行走；18个月时应能独自爬楼梯。到2岁时，幼儿应能从地板上拾起一个物体而不跌倒，并能奔跑和向后走。

（二）语言发展

新生儿最初的语言是哭声。一个新生儿应能通过哭声，向成人表达其饥饿、排泄、疼痛或身体不舒服。大约从第4个月起，婴儿开始咿呀学语，把声母和韵母连接成一串音节；到接近12个月时，婴儿一般应可理解性地使用“妈妈”；到18个月左右，婴儿应能说出双词句，如“妈妈水”“吃蛋蛋”等。此后半年，其语言表达能力应有迅速的发展。他们开始使用由3个词或3个以上词组成的短语或句子，词汇量也从约20个迅速扩大到300个以上；就在2—3岁时，幼儿具有使用各种基本类型句子的能力；在3—6岁时，幼儿通过游戏、学习、劳动等活动，迅速发展其语言表达能力，在没有专门教授的情况下，奇迹般地掌握母语的语法，并能说一口地道的母语。

（三）认知能力的发展

新生儿的学习只局限在一些条件反射上，到了4个月左右，就表现出越来越“聪明”的行为。他会对一切人，甚至对物体发出微笑；能把来自不同感官的信息结合起来，如把愉快的脸和愉快的声音联系起来，把愤怒的脸同愤怒的声音联系起来。在出生后7至12个月之间，婴儿应能认识他们以前看见过的刺激，即记忆形成，从而能意识到在物体和人的世界之外，存在一种独立分离的现象，如物体和人会消失不见，又会重新出现。

到2岁的时候，幼儿能以心理意象的形式来描绘出自己的体验。例如，当通向某一目标的道路受阻或改变了，幼儿就会去寻找新的路线。这是一种心理符号的控制和理解活动，它使得幼儿能以可预见的、一致的、可调节的，甚至是反射的方法来行动。用儿童心理学家皮亚杰的理论来解释，就是前概念思维。前概念思维发展到一定水平的时候(大约在2—4岁)，通过同化与顺应的作用，幼儿的直觉思维便会接着发展起来。这时，幼儿的年龄在4—6岁。

扫一扫

观看《认知能力的发展》视频，了解相关内容。

（四）社会性和情绪的发展

婴儿在出生后的1个月内就能对说话声有反应，对人脸会特别关注；到2个月左右，开始对人发出社会性微笑；到第4个月时应能产生认生感，即对陌生人产生恐惧；半年后，婴儿能明显地显示出依恋环境中特定人物的迹象，其首要的依恋目标通常是照料他的母亲。对母亲的依恋到满1岁时将达到第1个高峰，这个时候母亲的出现会给婴儿带来很大的安全感。与此同时，父亲如果亲近婴儿，关注婴儿发出的信号并给予照料，婴儿对父亲的依恋感也能牢固地建立起来。到2岁时，有违抗照看者要求和指挥别人的现象发生，其情绪表达形式应表现出多样化，并且能够学会关心和爱护其他儿童，开展社会性游戏活动，具有移情能力。在3—6岁，幼儿应开始形成道德情感和标准，并建立同伴关系。

在这一快速成长的过程中，幼儿在玩和思考中想象，在姿势和言语中交流，在哭笑中体验和表达情绪、情感，在探索自我中对自身、他人和世界产生好奇，然后慢慢地参与各种人际交往活动，产生爱和互惠互助的友谊。这一切组成了幼儿心理健康的基本要素。作为评估幼儿心理是否健康的标准，自然也应该充分反映这些特点。

阅读《每个孩子都是唯一的》，了解幼儿智力、个性特点的不同，在评估时应考虑个体差异。

三、幼儿心理健康评估的特点

对幼儿进行心理评估是比对身体评估复杂得多的过程，一方面是由于评价工具还不够完善。虽然，当今国内外的研究工作者设计了大量的评估方法，但是还远远没有达到完善的地步。另一方面，幼儿正处于迅速发展的阶段，心理特征变化较大；主动注意时间较短，容易产生疲劳；不少幼儿依赖性强，害羞、怯生，难以适应评估情境，不能很好地配合评估工作；幼儿受认知水平、语言能力等多方面的限制，一般不能主动提供评估所需的各种信息，而家长或教师所提供的资料又会受其本人的认知水平、人格特征、情绪与情感以及对幼儿的教养态度等多种因素的影响。

整体而言，跟其他类型的评估相比较，幼儿心理健康及发展的评估具有以下五个特点。

（一）以非文字测验为主

幼儿心理评估通常是操作性的，可以要求幼儿用口头方式回答主试提出的问题或做出各种动作。

（二）以个别测验为主

由于幼儿心理评估以非文字测验为主，因此除了幼儿园大班的幼儿可以偶尔进行小组团体测试外，一般都要个别施测。

（三）多重能力倾向测验逐渐受到重视

20世纪80年代美国著名的发展心理学家加德纳提出了多元智能理论。除传统最受重视的数理逻辑和语言智能外，还包括音乐、空间、身体运动、人际关系、自我认识等智能。对这些特殊智能的心理测验逐步受到重视，而且因素分析理论得到充分发展，并运用到编制多项能力测验中，使得普通能力测验向多元分析发展。笼统地谈聪明、不聪明对幼儿显得更加不公平，对他们智力的测试，必须转向智力的不同侧面。

（四）涉及的范围更为广泛

一直以来，幼儿心理测量大多以身体和智力两个方面为主，而现在测量涉及的范围宽广了许多，对幼儿的情绪与情感、人际关系、动机、兴趣、态度、性格、社会适应能力、社会性发展、品德发展、心理健康、识字情况、语言学习能力、适应技能、同伴交往能力、日常行为习惯、责任心等都有研究者提出并进行了初步研究，使幼儿的心理健康及发展的评估涉及的范围更为广泛。

（五）重视发展和评价过程

要以发展的眼光看待幼儿，同时要重视评价过程。所以有许多学者尝试用幼儿活动室观察、观察记录法、轶事记录法、建立幼儿成长档案等方法来对幼儿进行评价。这些已成为心理测量的有利补充。

四、幼儿心理健康评估的范畴

在探讨婴幼儿的心理健康问题时，许多研究者特别关注从出生到3岁期间幼儿的成长。比如，幼儿是否在其生活环境中逐渐形成体验、调节和表达情绪的能力，是否形成亲密的、安全的人际关系，以及探索环境和学习的能力。从某种意义上说，婴幼儿心理健康就是指情绪和社会性的健康发展。在对幼儿进行心理健康评估时，应重点把握以下五个方面的表现。

（一）情绪反应情况

情绪反应情况包括创伤性应激异常，如一直难以从创伤事件的体验中恢复过来，反应麻木，易于唤起，以及一些创伤事件之后才出现的反应；情绪、情感异常，如焦虑、忧伤、抑郁、情绪表现异常、依恋异常；调节、适应异常，如因环境变化而烦乱、过于敏感或反应迟钝、自我控制异常。

（二）行为表现

幼儿异常行为表现包括睡眠行为异常，如睡眠困难或过度嗜睡、持续尿床；饮食行为异常，食欲过强或神经性食欲缺乏、偏食、异食癖；其他一些异常行为，如咬指甲、痉挛、自伤行为、刻板行为、说谎、破坏行为，等等。

（三）早期社会关系

观察幼儿早期的社会关系包括对父母的依恋，如在家里能否安心游戏、探索周边环境；与幼儿园老师的依恋关系；与其他成人的关系，如似乎对成人不感兴趣；对任何人都过于友好、将陌生人视同家人；与同伴的关系，如不参与同伴之间的游戏或对同伴有攻击和欺侮行为。

（四）认知活动水平

需重点把握的幼儿认知活动水平包括注意力持续时间长短，如警觉水平低、活动过度、冲动、注意力集中困难、注意力转移困难等；态度与动机，如缺乏好奇心与想象力；言语发展水平，如说话延迟、表达性语言障碍、接受性语言障碍、口吃；感知觉水平，包括听知觉、视知觉、触觉、运动、感知觉统合。

（五）生活环境的质量

评价幼儿生活环境的压力源（生活事件）、压力源的影响程度、持续时间以及具体的缓解机制。

第二节 幼儿心理健康评估的方法和过程

不同学派的学者和研究人员在幼儿心理健康评估的目的、侧重点、评估方法、资料分析方法方面都不完全相同。对幼儿的心理健康评估，一般包括观察、谈话、测验等方面，它们从不同的侧面为对幼儿进行全面的评估提供信息。

一、常见的幼儿心理健康评估方法

（一）观察法

观察法是指评估人员通过感官或仪器，有目的、有计划、有步骤地考查研究对象，收集、记录幼儿的相关资料，并加以客观的解释，从而了解幼儿心理发展状况的一种方法。由于幼儿的口头语言还处于发展阶段，通过常用的访谈法、问卷法等方法不足以充分了解幼儿的心理状况，也不能确诊幼儿的心理状况与问题行为，因此，观察法是常用于幼儿心理与问题行为诊断的方法。

一般常用的观察法有自然观察、时间取样观察、事件取样观察、量表式观察。其中，自然观察是最具代表性的方法。在自然条件下，对观察对象心理与行为的选择、记录和描述，常用于研究儿童发展的早期。比如，达尔文对其儿子反射活动、恐惧和愤怒及行为发展的观察日记，普莱尔对自己孩子出生至3岁的系统观察，陈鹤琴对孩子的观察日记等。

观察法的优点是可以在幼儿行为发生的当时，现场进行观察、记录，能够收集到比口头报告或问卷调查更客观、全面、准确的资料。当然，观察法也有一定的局限。比如，单纯的观察往往只能收集某些零碎的表面的事实，而不能为我们提供对某一问题深入研究所需的足够的信息，常常不能得到理想的与评估主题密切相关的内容和材料。对那些特别内向、害羞的幼儿，则更难获取观察材料。有时候，幼儿的一时性的言语和行为可能与其真实思想并不完全吻合。所以，仅根据幼儿的只言片语或偶发的行为，是难以判断幼儿的实际发展水平的；许多希望观察到的行为有时是难以发生的，因此，采用现场观察有时难以奏效。此外，观察法的运用往往需要花费较大的人力、物力和较多的时间。

阅读《通过日常观察对幼儿心理发展的评估》，观察幼儿在生活中的行为，对幼儿心理发展进行简单的评估。

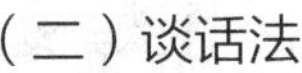

（二）谈话法

谈话法是评估人员通过与幼儿或其父母、抚养人、教师进行口头交谈，以了解和收集幼儿心理发展和行为表现资料的一种方法。

谈话法有许多优点，它不受读写能力的影响，适用于一切具有口头表达能力的谈话对象，有时能挖掘到其他方法所不能获取的更深层的信息。

当然，谈话法也存在明显的局限。首先，对谈话结果的分析受谈话者的个人主观影响较大；其次，与其他研究方法相比，谈话法不但费时、费力，而且谈话所得资料不易量化；最后，谈话效果也会受环境、时间和谈话对象特点等因素的影响而不够稳定。

（三）测验法

测验法也叫量表法，即采用标准化的题目，按照规定程序，通过测量的方法来收集资料的一种量化方法。

相比观察法和谈话法，测验法更能够科学地反映幼儿的发展状况。其他评估方法往往需要主试拥有丰富的理论和经验积累，其结果很容易受到主试的影响，存在较大的评估误差。测验法虽然不能完全消除这些因素的影响，但测试量表的编制、施测和结果解释过程的标准化，能够提供更准确和稳定的评估。

不过，测验法并非拥有测题、手册、常模表等工具就可以进行，作为一名合格的主试，必须经过充分的培训和实践，了解各类测验的测量内容和适用范围，掌握其施测和结果解释方式。否则会使结果失真，无法反映幼儿的真实发展状况。所以，测验法和其他方法一样，只是了解幼儿心理发展的方法之一，应与其他方法配合使用。

阅读《社会测量技术》，运用于对幼儿同伴关系的了解，通过幼儿被同伴接受或拒绝的信息，诊断其社会适应能力。

二、评估的过程

评估的过程是指一次完整的评估要经历的几个阶段或环节。较可信的评估结论往往需要经过访谈、观察、测量等多个环节，综合多种材料进行判断。

（一）访谈

要获得评估的资料，首先要对家庭（包括父母和幼儿）进行详细而彻底的访谈，父母或其他直接抚养人、教师等与幼儿接触最为密切，会首先注意到幼儿的问题行为和心理障碍，通过和他们交谈，可以获得有关幼儿的多方面资料。访谈非常重要，因为它为评估过程确定了框架：幼儿出现的问题，最大的可能是什么，应怎样进一步采用其他方法检查推测是否正确。

1. 访谈的内容

（1）有关妊娠、出生以及婴儿期的一些问题。通过访谈，了解母亲妊娠期的健康、营养及情绪状态；了解幼儿在出生时有无异常情况；询问幼儿期，特别是婴儿期身体发育和心理发展的一些情况，包括动作发展、早期营养状况、病史、生活习惯、亲子关系、与同伴间的关系以及以往的教养环境，等等。

（2）有关家庭的问题。了解父母的年龄、职业、文化程度、生活经历、躯体和心理的健康状况；家庭各成员之间的相互关系和家庭气氛、父母对幼儿的教养态度和方式以及幼儿在家庭中所处的地位；了解家庭中的其他成员，包括祖父母、同胞兄弟姐妹或其他同住者与幼儿的亲缘关系、年龄、文化程度、职业、个性特征、与幼儿接触的密切程度，等等。

（3）有关当前存在的问题。通过访谈，了解幼儿当前的行为表现以及行为问题和心理障碍的客观症状。与此有关的问题包括这些问题和障碍是如何发生和逐渐形成的，是属于单一的问题，还是同时存在着多方面的问题，其中主要的问题是什么，家长和教师对待这些问题的态度怎样，等等。

2. 访谈中的注意事项

使用访谈法应注意以下几个问题。

（1）访谈者态度应亲切自然，以避免使幼儿情绪紧张。访谈内容在幼儿生活经验范围内，提问简单易懂，并有所侧重。访谈开始时应提一些非研究性问题，如“你喜欢玩什么呀？”以便营造起合作、友好的访谈氛围。

（2）访谈成功的关键是把握谈话的方向。访谈应有明确的目的，且始终围绕目的进行。访谈者可以用多种提问方式把握好方向，使访谈自始至终围绕调查目的进行，避免离开主题漫谈。提问方式有很多种，如设问、追问等。

（3）访谈记录应在访谈后追记或把录音机放在幼儿看不到的地方；或是现场少记、事后多记；也可以边记录、边交谈、边观察，及时捕捉能代表幼儿心理特点的信息。例如，对幼儿的访谈要考虑幼儿的表达能力，幼儿常用各种动作、表情来补充或表达。所以，访谈时不但要记录幼儿的原话，还要记录那些非语言表达方式。

（4）访谈往往受双方的主观倾向性影响。访谈对象可能会忽视或隐瞒对幼儿进一步评估时所需要的一些问题，尤其是这些问题给他们会带来消极作用的时候更容易被忽视和隐瞒。对子女偏爱的父母，在访谈时往往会夸大或缩小幼儿的问题。例如，故意掩饰幼儿的说谎、偷窃行为，将幼儿的攻击性行为描述为正当的防卫等；不关心幼儿的家长，常常会忽视幼儿已经存在的较为严重的问题行为；“望子成龙”的家长会对各方面发展尚好的幼儿仍然表现出不满；有偏见的教师，会对两个有同样性质的问题的幼儿作出截然不同的评估。因此，在访谈时，应使提出的问题尽可能客观；在分析访谈所获资料时，还应将访谈对象对幼儿的教养态度和期望以及他们的个性特征等与幼儿的问题联系起来。

（二）观察

1. 观察的内容

只有从多方面进行观察，才能使获得的资料更具有价值。观察的内容主要包括以下几个方面。

（1）身体状况。观察幼儿的身体发育状况，例如身高、体重、胸围等指标是否与同龄幼儿相差过大；有没有明显的视觉、听觉、肢体以及动作等方面的缺陷。

（2）行为表现。观察幼儿有无特殊的姿势，刻板动作或不随意动作；有无多动不宁、吵闹不休或呆坐、呆立等问题；行为的统一性如何，注意力是否集中等。

（3）智力水平。正常的智力水平是幼儿正常生活和学习的基本条件之一，是他们与周围环境取得平衡和协调的心理保证。对幼儿认知发展的观察，应结合幼儿的年龄和所处的文化背景，在日常生活中注意幼儿对基本常识和概念的理解程度，对事物的比较、分析和综合能力以及计算能力等方面。

（4）语言。语言的发展是幼儿心理发展的一个重要方面，语言发展的状况不仅反映了幼儿说话和与人交往的水平和能力，也能反映出他们的认知和社会、情绪发展的水平与状况。对幼儿语言的观察包括观察幼儿的语言是否有条理、是否合乎逻辑，语音是否清晰，语句是否流畅等。

（5）人际关系。人际关系的适应是社会适应的最主要方面。要注意观察幼儿与其父母、教师、同胞兄弟姐妹、同伴以及陌生人的相互交往，特别是交往中的技能和态度，例如是否合群、能否与同伴友好相处，等等。

（6）情绪。观察幼儿的主要情绪倾向是什么，例如，情绪是适度的，还是抑郁、焦虑、恐惧或易怒的；观察他们情绪的协调性与稳定性如何，情感与内心体验是否一致、与外界环境是否协调等。

2. 观察中的注意事项

（1）尽量使幼儿自然放松，处于正常活动状态之中，不要让他们意识到自己已成为观察者的研究对象。可与幼儿共同游戏、玩耍，以观察幼儿的真实行为。

（2）要善于记录事实，以便事后进行分析研究。例如研究幼儿的语言发展，由于幼儿的语言表达方式与成人不同，所以，应避免使用成人语言作记录。为提高记录的准确性，可使用录音笔、录像机等器材。

（3）观察者除了观察幼儿的一般言行之外，还应分析幼儿其他一切有关资料，如各种作业、绘画、手工制作等。

（三）量表评估

在访谈和观察的基础上，有了初步的结论后，再运用量表评估和测验。在使用测验的过程中，应注意以下几个方面。

（1）在进行测验以前，必须注意选择合适的测验工具。首先，测验必须具有较高的信度和效度；同时，测验一定要标准化，还要有常模，只有这样，才能保证正确而又有效地测量和评估幼儿的心理发展状况，鉴别幼儿发展中可能存在的问题和障碍。

（2）做好测验前的准备工作，包括熟悉测验手册（特别是指导语）和准备测验所需材料，并选择好适宜的测验环境。一般为幼儿日常生活的环境，应尽力排除一切干扰。

（3）严格按照标准化的指导语和标准时限进行测验，若无特殊情况，不能随意改变。

（4）努力与幼儿建立良好的关系，取得幼儿的合作，保证测验的效果。

（5）根据幼儿的特点选择合适的测验方法。在使用测验时，必须明确分清它们所适用的范围，然后在此范围内进行施测并对测验分数作出合理的、恰如其分的解释。

第三节　幼儿心理健康评估的常用工具

东东是个5岁多的小男孩，这学期转到新园的大二班。入园两个月，老师发现他存在许多问题，比如：不愿意和周围人说话、交流，幼儿园活动的时候经常不理睬别的小朋友；有时候一些很简单的事情，还要依靠爸爸、妈妈来做，甚至家长活动日吃饭时，还要妈妈喂饭才肯吃；经常羡慕其他小朋友有好玩的玩具，即使这些玩具自己也有，但总是觉得不如别人的；情绪也很不稳定，有时候因为一点小事能够哭闹半个小时……

如果你是他的老师，你觉得还需要重点观察东东哪些方面的表现？如果要跟家长交流，应该主要了解哪些情况？是否需要量表评估？如果需要的话，在学习了第三节的内容后，采用什么评估工具比较适合？

幼儿心理工作者根据对幼儿进行评估的要求，设计了各种不同的问卷和量表，通过对幼儿的抚养者和教师提出询问，然后根据相关的表现，对幼儿的心理健康和发展程度进行评估。根据评估和测验的目的，主要包括智力、个性、心理健康和家庭教育四个方面。国内所采用的测试工具多数从国外引进，再结合国内情况略加修改，予以标准化。现将国内较为常用的一些工具及其优缺点予以简单的介绍。

一、能力评估

能力是指顺利完成某一活动时所必需的主观条件，是以智力为核心的影响活动效率，并使活动顺利完成的个性心理特征。几乎所有的综合性评估都包括对智力的测量。在诊断某些类型的学习障碍时，智力测验是非常必要的；学习障碍幼儿的认知能力和学业成就之间存在显著的差异。

除了各种智力量表之外，适合幼儿的还有威廉斯创造能力测验、超常行为检查表、注意力测验（划消测验）、幼儿绘画素质、幼儿音乐能力、幼儿交往能力等量表。

（一）麦卡锡儿童能力量表

麦卡锡儿童能力量表（McCarthy Scales of Children's Abilities，简称MSCA）是专门为学前儿童设计的诊断测验量表，适用于2.5~8.5岁的儿童。除了能测量儿童的一般认知能力外，还能测量一些特殊的能力，如言语、知觉－操作、计数、记忆和动作等。麦卡锡儿童能力量表是由麦卡锡（D. McCarthy）于1972年编制的，在世界上十分流行，是对幼儿各种能力进行评估的比较理想的诊断工具。我国学者李丹等人已于1992年对该量表进行了修订。

麦卡锡儿童能力量表由18个分测验组成。（1）积木：共4项。让儿童用木块拼搭成“塔”“椅子”“屋子”“大楼”等。（2）拼板：共6项。例如，让儿童将一张分成3部分的胡萝卜图拼成一张完整的图。（3）图片记忆：共6项。将一张绘有纽扣、叉、回形针、马、挂锁和铅笔的图片呈现在儿童面前10秒钟，然后移去，要求儿童说出刚才所看到的图片内容。（4）词汇：共15项。前5项为图片词汇，要求儿童根据词汇指出图片上的画；后10项是口头词汇，要求儿童对词汇作出解释，例如，向儿童提出什么是“工具”等。（5）数：共12题。例如，问儿童：“如果你有9分钱，丢失了2分钱，还剩下几分钱？”等等。（6）敲打次序：共8项。让儿童按照主试要求的次序打小钢板琴。（7）言语记忆：共17项。例如，要求儿童尽可能多地记住词汇、句子和故事中的关键内容。（8）左－右方位：共9项。例如，要求儿童用左手摸自己的右眼等。（9）腿的协调：共6项。例如，要求儿童沿着地上的直线走等。（10）手臂的协调：分为“拍皮球”“接小砂袋”和“用小砂袋击目标”3部分。（11）模仿动作：共4项。例如，让儿童模仿主试的两腿交叉动作等。（12）画图案：共9项。要求儿童画出与量表所示的图形一致的图形。（13）画人，即要求儿童画人物形象。（14）数字记忆：共11项。要求儿童按照主试所读的数字次序正向和逆向地背诵数字。（15）言语流畅性：共4项，例如，让儿童在20秒的时间内尽可能多地讲出不同种类的动物等。（16）数数和分类：共9项。例如，要求儿童把4块木块分放在2张卡片上，使每张卡片上有相同数量的木块等。（17）反义词：共9项。例如，要求儿童回答"羽毛是轻的，石头是_____"等。（18）概念组合：共9项。6块正方形和6块圆形的塑料片被分成蓝、黄、红3种颜色，每种颜色的塑料片又都有2种不同的大小，让儿童按要求进行分类组合。例如，要求儿童将所有正方形的塑料片都放在卡片上等。

阅读《麦卡锡儿童能力量表的评分方式与优缺点》。

（二）瑞文标准推理测验

瑞文标准推理测验（Raven's Standard Progressive Matrices，简称SPM）由英国心理学家瑞文于1938年创制，在世界各国沿用至今，其适合年龄是6岁至70岁，用以测验一个人的观察力及清晰思维的能力，是一种纯粹的非文字智力测验（图3-1）。

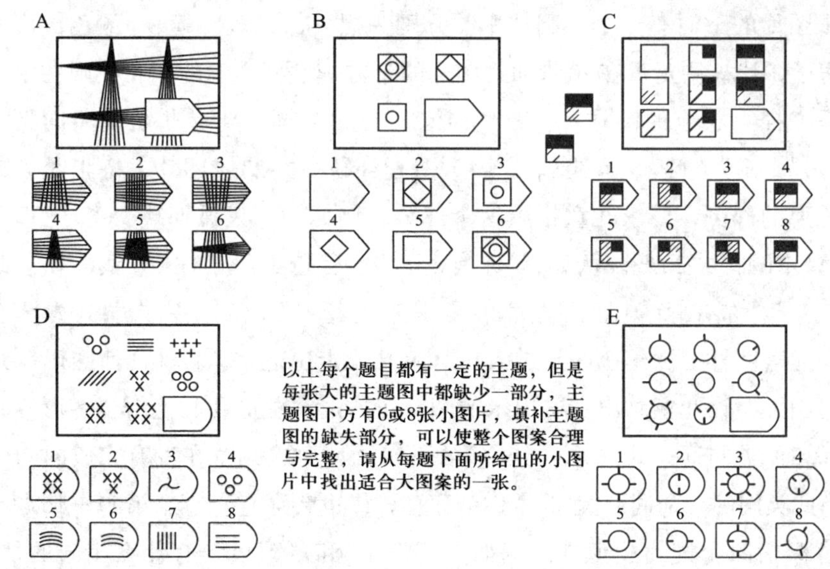

图3-1　瑞文标准推理测验示例

测验通过评价被测者这些思维活动来研究他的智力活动能力。每一组中包含12道题目，按逐渐增加难度的方式排列。每个题目由一幅缺少一小部分的大图案和作为选项的6或8张小图片组成。测验中要求被测者根据大图案内图形间的某种关系，看小图片中的哪一张填入（在头脑中想象）大图案中缺少的部分最合适。

瑞文标准推理测验几经修订，目前发展成三种形式，除了上述的标准型以外，还有为适应测量幼儿及智力低下者而设计的彩色型和用于智力超常者的高级型。

瑞文标准推理测验的优点是扩大了适用范围，突破了纸笔测验的限制，不识字的人也能施测，这一特点尤其适合儿童。不足之处是强调推理方面的能力，并非完全的智力。如发现某儿童存在智力缺陷，还需要用韦克斯勒学前儿童智力量表进一步精确测试。

（三）韦克斯勒学前儿童智力量表

韦克斯勒学前儿童智力量表（Wechsler Preschool and Primary Scale of Intellingence，简称WPPSI）适用于4至6.5岁儿童，是美国心理学家韦克斯勒于1967年为评估幼儿的智力发展水平而设计的，在国际上十分流行。我国的郭迪和龚耀先分别于1983年和1984年对该量表进行了修订，修订后的量表保持了原量表的可靠性和有效性，为测量和评估我国学前儿童的智力提供了理想的工具。

韦克斯勒学前儿童智力量表包括10个分测验，分为言语和操作测验两大类，这两类测验交替进行。（1）问答题：共23题。例如，有什么办法把两块木头拼在一起？（2）动物家：4张动物的图片分别是“狗”“母鸡”“鱼”和“猫”。在每一张图片的下面有一个小圆柱木，分别为黑、白、蓝、黄4种颜色，代表动物的房子，让被测儿童在20张动物图片的下方依照样本上的图和小圆柱木的颜色关系，插上相应的圆柱木。（3）词汇：共22个词，要求儿童说明词义。例如，“帽”“伞”“钉”“有礼貌”。（4）图画补缺：共23张图片，每张图都缺少一个重要的部分，要求儿童指出这个部分。例如，一只狐狸缺少了一只耳朵。（5）算术题：共20题。例如，“你有2分钱，爸爸又给了你1分钱，你一共有多少钱？”“你有5个娃娃，送掉2个，还有几个？”（6）迷宫：共10题，要求儿童在迷宫图样上用笔画线，进入迷宫后又能走出迷宫。（7）几何图形：共10个几何图形，让儿童画出主试出示的圆、正方形、菱形和其他组合图形等几何图形。（8）类同词：共16题，其中第1—10题，要求儿童在没有完成的句子中填入与此类同的一个词。例如，“你会穿鞋，你也会穿______”；第11—16题，要求儿童概括两个词的相似性。例如，“鸭梨”和“苹果”有什么相同的地方。（9）木块图案：共10题。6块扁形的小方木，一面是红色的，另一面是白色的；8块立方体木块，每块木块两面为红色，两面为白色，另外两面为一半红色一半白色，让儿童用这些扁木和方木分别拼出主试所示的图案。（10）理解；共15题。例如，让儿童回答为什么房屋要有窗；为什么小孩不应该玩火柴；等等。

阅读《韦克斯勒学前儿童智力量表的评分方式与优缺点》。

二、个性评估

个性测试的工具很多，世界上应用最广泛的有艾森克个性测验、卡特尔的16PF性格测验量表、气质量表、Y-G性格测验、MBTI职业性格测试、大五性格测试等，但由于儿童的个性还不稳定，常见的仅有儿童气质问卷（4个月—1岁；1—3岁、3—7岁），艾森克个性测验(7—15岁)(EPQ)，儿童14种人格测验（CPQ），房树人测验（HTP）等几种类型。

（一）NYLS 3—7岁儿童气质问卷（家长评定）

该问卷是由美国儿童心理学家及精神病学家托马斯（Thomas）和切斯（Chess）领导的研究小组编制的，通过著名的纽约纵向研究（New York Longitudinal Study，简称NYLS），并根据五个维度（节律性、趋避性、适应性、反应强度、情绪本质）将儿童分为：难养型气质、启动缓慢型气质、易养型气质，其余为中间型。1977年NYLS小组设计了家长评定的3—7岁儿童气质问卷（Parent Temperament Questionnaire，简称PTQ），选定符合九个气质维度且能清楚、独立地代表儿童日常生活一般表现的72个条目。该问卷为儿童气质测查量表的发展奠定了基础，目前仍是测查3岁至7岁儿童气质的常用工具。

阅读《NYLS 3—7岁儿童气质问卷（部分项目）》，了解该问卷内容与评分方式。

（二）房树人测验

房树人测验(House-Tree-Person，简称HTP)，又称屋树人测验，是由美国心理学家巴克1948年在美国《临床心理学》上最早提出的，受测者只需在三张白纸上分别画屋、树及人就完成测试。而动态的屋、树、人分析学则由罗伯特·C.伯恩（Robert C. Burn）在1970年发明。受测者要在同一张纸上画屋、树及人。这三者有互动作用，例如，从屋及人的位置与距离就可看出受测者与家庭的关系。

房树人测验是绘画心理测验中最常用的一种，它涉及被测者不太会掩饰（说谎倾向）的个体人格潜意识的内容，是有着特殊价值的心理测验方法，它有助于人们了解被测者深层的动机、情绪和性格倾向等，从而提高心理诊断的效果和准确度。房树人测验突破了语言交流的局限，绕过被测者的防御意识，特别适用于不善于语言表达或是不愿意表达，以及防御性强的个体。房树人测验不仅是一种人格测验，而且是一种智力测验，甚至通过绘画起到治疗作用。图3-2是某幼儿画的房树人。

图3-2 幼儿房树人画

房树人测验具有主动性、构成性、非言语性的特点，避免反应内容在言语化过程中变形，能捕捉到难以言表的心理冲突，从而帮助更具体地了解被测者的人格特征。测试不易造成心理创伤体验，再度测验也不会导致练习效果，有利于反复施测，追踪观察。但是对房树人测验的结果，需要由经过高度专业训练的人员解释，只有这样才能做到比较准确和深入，平常教师只能参照测验分析手册做简单分析。

扫一扫

阅读《房树人测验分析》，了解该测验的简单分析及部分样例。

三、心理健康评估

对幼儿心理健康评估的工具很多，常用且有着广泛影响的有早期筛选量表贝利婴幼儿发育量表、格塞尔发育诊断量表、丹佛发育筛查测验、Conners儿童行为问卷、Achenbach儿童行为量表、克氏孤独症行为量表、儿童社交焦虑量表、Rutter儿童行为问卷等。

（一）早期筛选量表

早期筛选量表（Early Screening Inventory，简称ESI）是由迈泽尔斯(S. J. Meisels)等人为3～6岁儿童设计的筛选测验。每次测验需用15～20分钟。

早期筛选量表的各项测验涉及了幼儿期儿童心理发展的3个方面。

（1）视觉－动作/适应性。例如，拷贝几何图形（圆、十字形、正方形、三角形等），根据主试的示范拼搭积木等，如图3-3。

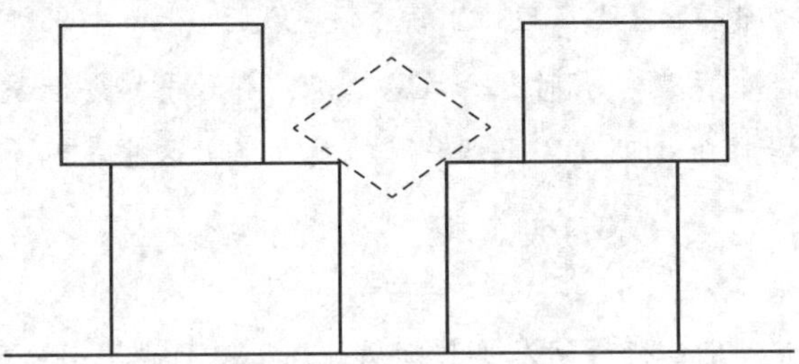

图3-3 积木示例图

（2）语言和认知。例如，数数，口头表达（如给儿童一件物体，让儿童讲出该物体的颜色、形状、名称、用途，等等）。

（3）粗动作/身体知觉。例如，单足站立、模仿主试的运动等，如图3-4。

图3-4 手臂运动动作的模仿

各项测验所获的总分，可以根据常模将被测儿童分为通过筛选、需进行重新筛选，或者没有通过筛选而需进一步诊断测验和评估三种情况。早期筛选量表有较高的效度和信度，既简明又便于使用，但是，与其他筛选检查工具一样，早期筛选量表测试的结果只能说明是否需要对被查儿童做进一步的诊断测验和评估。

（二）Conners儿童行为问卷

Conners儿童行为问卷应用至今约有30年历史，是筛查儿童行为问题用得最为广泛的量表，能够全面、准确、客观地反映被试儿童的行为问题。诸如：儿童品行、学习、心理障碍、多动指数，等等。它为临床儿童心理学诊断、治疗以及病理心理机制的研究提供科学依据。

本量表使用范围为3～16岁儿童。根据所选用的不同版本的量表，评定应由经过一定培训的被试儿童父母、教师或评定员担任。主要有三种问卷：父母问卷、教师问卷及父母和教师问卷。

小米是红星幼儿园大三班最调皮的小朋友，早上进班级时，会以百米冲刺的速度闯进教室，见到门关着，会“咚咚咚”边踢门边喊“开门，开门！”自由活动时他会带着同伴在教室和午睡室之间窜来窜去，追逐打闹；玩积木时，会把所有的积木都扔在地上；老师讲课时，多数小朋友正聚精会神地听讲，他却和周围的小朋友头碰头讲得热火朝天，手舞足蹈……

小米的纪律性较差，自己在座位上讲个没完没了，老师一批评，他还要骂老师。让他回答一些简单的问题，有时也会故意乱说，有时手举得很高，站起来直接说“不会”。下课总是欺负小朋友，上课总是捣乱。根据这些表现，你认为小米是有多动症吗？

阅读《Conners儿童行为问卷（教师用量表）》，了解与儿童行为有关的问题。

（三）Achenbach儿童行为量表

Achenbach儿童行为量表（Child Behavior Checklist，简称CBCL）编制于1976年，是目前用于评定儿童行为和情绪时使用较为广泛的量表之一。适用于4—16岁儿童，分为家长用量表、教师用量表和自填量表（智龄在10岁以上的儿童适用）。按儿童的年龄、性别划分为3个年龄组（4—5岁、6—11岁、12—16岁）及两个性别组共6组标准分及剖面图，其资料直观，便于分析。

量表内容分为三部分：第一部分为一般资料，只作背景资料，不评分；第二部分为社交能力评量，参加体育运动情况、课余爱好、参加集体活动情况、课余劳动、交友情况、与家人及其他儿童相处情况、在校学习情况；第三部分由113项行为问题组成，是此量表的重点部分。113项行为经过统计学处理后可归纳为以下10个因子：（1）分裂样因子；（2）多动因子；（3）抑郁因子；（4）体诉因子；（5）焦虑因子；（6）违纪因子；（7）攻击性因子；（8）交往不良因子；（9）退缩因子；（10）性问题因子。

Achenbach儿童行为量表内容比较全面，选择的行为因子比较多，对儿童行为的评量比较全面。本量表的编制考虑到了被测者的性别差异，对不同性别者应用不同量表，同时从教师、家长、被评者三个角度提供了三套量表，更有针对性；在评分系统方面也比较有特色，通过侧面图不仅知道被测者行为表现所处水平，而且分出内向、中间或外向三个类型。

阅读《Achenbach 儿童行为量表（家长用量表）》，了解其内容。

（四）克氏孤独症行为量表

孤独症，即自闭症，克氏孤独症行为量表（Clancy Autism Behavior Scale，简称CABS）是1969年由克兰西（Clancy）编制的由家长填写的孤独症诊断量表，由14项组成，评分方法为二分法：每一项分为是（1分）、否（0分），7分为划分点，能有效区分孤独症儿童和其他控制组儿童（包括正常儿童、脑性麻痹、听力障碍和智能不足）。1983年台湾谢清芬等对该量表进行了修订，将原来的二分法修改为“从不0分”“偶尔1分”“经常2分”三种反应强度，并认为总分≥14分为初步筛选孤独症的标准。

总体来说，克氏行为量表是一种能够提供给教师、家长等使用的简捷方便的量表，能够较快筛查出可疑儿童，进而转入专科医院，尽早接受严格诊断和专业治疗，该量表特别适用于幼儿园、学校等地方的快速筛查。

阅读《克氏孤独症行为量表》，学习运用该量表评估儿童自闭症行为。

四、家庭教育评估

家庭是幼儿心理健康发展最重要的影响因素，父母的素质(遗传素质、文化素质、心理素质)，家庭氛围(亲子关系、夫妻关系)和家庭教养方式(民主型、权威型、放纵型)等方面对幼儿的心理发展和健康起着重要作用。常用的评估工具主要有父母养育方式评价量表、家庭环境量表、学龄前儿童活动调查表、家庭功能评定量表。

父母教养方式评价量表是1980年由瑞典于默奥大学精神医学系佩里斯（C. Perris）等人编制的，用以评价父母的教养态度和行为的问卷。父母教养方式评价量表为人们提供了一种探讨父母教养方式与子女心理健康关系的有力而客观的工具，已在23个国家用于对抑郁症、人格障碍等各类患者及正常人群父母教养方式的研究。父母教养方式评价量表共有81个条目和2个附加条目，涉及父母的15种教养行为：辱骂、剥夺、惩罚、羞辱、拒绝、过分保护、过分干涉、宽容、情感、行为取向、归罪、鼓励、偏爱同胞、偏爱被试和非特异性行为。对上述15个分量表进行主因素分析，抽取了以下四个主因素：拒绝、情感温暖、过分保护、偏爱。

父母教养方式评价量表可进行单人测验，也可以进行集体测验。由于父母教养方式评价量表是让被试通过回忆来评价父母的教养方式的，所以，它适用于任何一个为人子女的人，其范围十分广泛，应用于什么样的群体主要取决于施测者的研究目的。但由于年龄过小可能对父母的评价缺乏客观性，而年龄过大回忆起来又缺乏准确性，所以，对于年龄过大或过小的被试，对结果的解释要慎重。

第四节 幼儿心理健康档案的建立

建立幼儿心理健康档案就是运用行为观察、记录、面谈、心理测试等方法，获得幼儿个体身心发展历史和现实的资料，把它们积累起来归档整理，按阶段进行分析比较，了解幼儿在不同时期的心理和行为的发展变化，以此作为对幼儿个体进行心理健康教育的依据。

一、幼儿心理健康档案建立的一般程序

（一）收集基本资料

建立幼儿心理档案首先应以资料收集为主要内容，资料的收集包括如下几个方面。

1. 身份资料

姓名、性别、年龄、籍贯、幼儿园名称、班级、家庭住址等。

2. 个人情况

（1）个人健康及发育：曾患过哪些严重疾病，幼儿运动机能和言语机能的发育程度；（2）学习：入园年龄、学习兴趣、接受能力等；（3）个性：爱好、特长、气质、性格、习惯等；（4）人际关系：幼儿与父母、兄弟姐妹、教师、同学等的关系情况。

3. 家庭情况

了解父母的年龄、职业、文化程度，家庭居住及经济收入；父母对幼儿的态度及教养方式；父母的生理、心理健康状况，及其三代中心理疾病状况。

4. 幼儿园情况

幼儿园性质、幼儿园环境及设施情况、园风与班风情况、教师的教育、教学态度和方法、教师的心理健康状况、学习适应压力情况等。

5. 心理健康情况

了解有无学习障碍、行为障碍、不良习惯、品行障碍等。

（二）选择适合的工具进行评估

在收集基本资料之后，还需要对某些心理特质做精准了解。因此，选择合适的测评工具进行施测就显得非常重要了。一般可通过以下几个途径。

1. 心理健康测量

在用问卷法和测验法收集资料的基础上，再对幼儿进行个别心理检查，对存在问题的孩子，通过心理测验检查或复查随访观察，了解幼儿的特殊心理问题，并纠正和补充量表测验的不足和偏差。

2. 问卷调查

采用书面问题、表格的形式让幼儿或者家长回答、填写，了解幼儿的心理活动状态。

3. 谈话法、观察法

与幼儿或其较亲近的人谈话，观察幼儿的日常行为，了解幼儿的行为习惯、生活环境、过去的经历甚至心灵创伤，等等。

4. 借助幼儿园的作品来获得信息

如通过对幼儿的绘画、手工作品以及各种作品的分析，来了解幼儿的个性、才能、秉性特征等。

在充分收集幼儿个案资料的基础上，心理教育工作者必须对所获得资料进行分析研究。在进行综合分析后，要作系统记录。个案记录要求内容丰富、描写细致、叙述准确、重点突出、文字精练、符合逻辑。该记录一方面可作为幼儿的心理档案，另一方面也可为第二阶段进行有针对性的心理教育和训练，以及为第三阶段的心理教育评估提供客观依据。

（三）结果解释和建立心理档案

在完成上述程序之后，就要对每一种资料，尤其是心理测验的结果进行解释，并结合幼儿的基本情况提出教育辅导上的建议，然后再建立心理档案。

1. 统计及结果解释

心理辅导员要按照每一项测验所提供的计分标准进行统计，在进行结果解释时，要参考常模资料、效度资料，还要考虑测验情境等其他因素。在向幼儿或其他人报告时，一般只需告诉测验结果的解释。测试和解释中应注意以下几个问题：使用幼儿所能理解的语言；保证幼儿知道这个测验测量或预测什么；使幼儿知道自己和什么团体进行比较；提出科学的有针对性的建议。

2. 提出教育培养建议

根据结果，围绕幼儿的心理健康状况并结合幼儿各方面的情况，首先分析其形成原因，然后科学地、有针对性地提出教育辅导建议或辅导策略。提出教育辅导建议，这是建立幼儿心理健康档案的目的所在。

3. 建立幼儿心理档案

幼儿心理档案主要有档案袋和专项卡片两种方式。完整的档案应包含以下三个方面的资料。

（1）非量化资料。包括除心理测试资料之外的所有非量化资料。这部分资料主要是指为了解儿童而采用问卷法、访谈法、观察法、实验法等方法所形成的资料。

（2）量化资料。它是在对幼儿进行心理测试，了解幼儿的个性、气质、心理健康程度、学习生活适应等情况过程中形成的资料。

（3）个案分析资料。这是心理档案中最重要的一部分，是基于平时对幼儿的了解量化和非量化的资料，以形成对该幼儿较为完整、客观的分析，同时还应形成一系列的辅导措施。

二、心理健康档案建立中的注意事项

（一）正确对待评估和测验结果

相关的评估和测验结果仅仅反映了幼儿当时的情况，未必能够预测将来的发展。测试的结果仅为潜在能力的大致反映，不能认为是固定不变的。教师要树立正确的心理健康观念：我们面对的是健康的孩子，就是有这样或那样的心理问题，也可能是暂时的，是他们在成长过程中必然遇到的，我们有责任帮助他们解决这些问题，使他们健康快乐地成长。

（二）妥善保管幼儿的心理档案

幼儿的心理档案（特别是心理测验情况）应妥善保管，不得随意向他人公布。测试方法和评分一般也不得公开、宣传或介绍，防止知情者预先练习，或教师、家长将测试内容作为练习内容，使测试失去效度。

（三）正确对待不同来源的资料

心理档案的资料来源主要有测验资料和非测验资料两种。在应用时，如发现两类资料有较大的差异，就不应轻易下结论，要通过深入观察和再次测验来进行进一步的分析，以期取得较为客观的结论。

（四）及时实施心理干预

建立心理健康档案是心理健康教育工作的重要环节，其目的是合理利用，不能将其束之高阁。要充分利用心理健康档案，对幼儿实施跟踪指导。对于存在心理问题的儿童，应客观地分析心理问题，谨慎分析结果，并积极做好预案，以适当的方式开展跟踪辅导和咨询服务。每学期反馈监控和辅导情况。建立快速反应机制，及时预防，确保问题及早发现，有效干预，以应对幼儿的心理问题，预防突发性事件。

幼儿心理健康档案卡

国内一些幼儿园采用幼儿心理健康档案卡方式对幼儿资料进行管理。档案内容分为生物因素、心理因素、社会因素三大部分。卡中 A 为教师评估、B 为家长评估、C 为幼儿作品及外显行为表现评估，见表 3-1。

表 3-1 幼儿心理健康档案卡

<table>
<tr><td rowspan="2">生物因素</td><td>出生史</td><td></td><td>遗传特征</td><td></td></tr>
<tr><td>疾病史</td><td></td><td>健康与动作</td><td></td></tr>
<tr><td rowspan="6">心理因素</td><td>内容</td><td>A</td><td>B</td><td>C</td></tr>
<tr><td>认知（感知、思维、知识经验、语言能力等）</td><td></td><td></td><td></td></tr>
<tr><td>情绪、情感（表达与控制情绪、爱集体等）</td><td></td><td></td><td></td></tr>
<tr><td>意志（坚持力、自制力等）</td><td></td><td></td><td></td></tr>
<tr><td>个性（性格、能力、兴趣、个性心理特征等）</td><td></td><td></td><td></td></tr>
<tr><td>社会化（自我意识、同伴关系、交往、社会适应性等）</td><td></td><td></td><td></td></tr>
<tr><td rowspan="3">社会因素</td><td>家庭背景</td><td></td><td>家庭形态</td><td></td></tr>
<tr><td>居住状况</td><td></td><td>父母状况</td><td></td></tr>
<tr><td>班级保教人员状况</td><td></td><td></td><td></td></tr>
<tr><td rowspan="2">主要外显行为</td><td colspan="4">幼儿作品（附页）</td></tr>
<tr><td colspan="4">其他</td></tr>
<tr><td>分析</td><td colspan="4"></td></tr>
<tr><td>干预对策</td><td colspan="4"></td></tr>
<tr><td>效果</td><td colspan="4"></td></tr>
</table>

本章小结>>>

本章主要内容包括幼儿心理健康评估概论、方法和过程、常用评估工具、幼儿心理健康档案建立。

幼儿心理健康评估的依据是幼儿心理发展水平，包括动作、语言、认知能力、社会性和情绪的发展状况，它是把握评估的特点及确定范畴的基础；科学的评估结论往往需要运用观察、谈话、测验等多种方法，综合多种材料进行判断。

幼儿心理健康评估的常用工具有：麦卡锡儿童能力量表、瑞文标准推理测验、韦克斯勒学前儿童智力量表。常用的心理健康评估工具有早期筛选量表、Conners儿童行为问卷、Achenbach儿童行为量表、克氏孤独症行为量表。家庭教育评估常用的工具有父母养育方式评价量表。

幼儿心理健康档案的建立一般程序是先收集基本资料，再选择适合的工具进行评估，然后对心理测验的结果进行解释并建立心理档案。

思考与练习

1. 幼儿心理健康评估有何特点，其评估范畴包含哪几个方面？

2. 如何对幼儿心理健康进行评估？常见方法有哪些？各自有什么优缺点？

3. 对幼儿心理健康进行评估的常用工具有哪些？各自适用范围及优缺点是什么？

4. 怎样用“Conner儿童行为问卷（教师用量表）”对幼儿心理健康做出评估？

项目实践

1. 选定一名幼儿，按照幼儿心理健康档案建立的要求，为其建立1份心理健康档案卡。

2. 分组，用“Conner儿童行为问卷（教师用量表）”或其他量表为一个班的幼儿做测试，并对幼儿心理健康作出评估。

第四章　幼儿异常心理与问题行为

经得起各种诱惑和烦恼的考验，才算达到最完美的心灵的健康。

——哲学家培根

知识导图

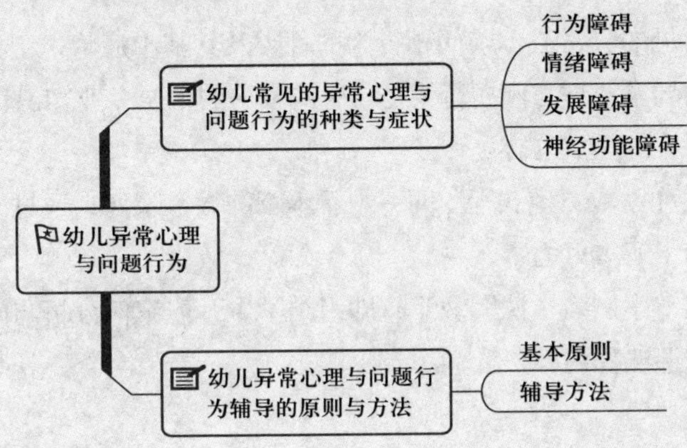

学习目标

- □ 理解：常见的幼儿异常心理与问题行为的种类及其基本症状。
- □ 掌握：幼儿异常心理与问题行为分析与辅导的基本原则。
- □ 应用：能够使用常见的幼儿心理辅导方法，对幼儿异常心理与问题行为进行初步鉴别与辅导。

学习建议

- □ 了解幼儿常见的异常心理与问题行为的种类及其基本症状，初步鉴别与辅导幼儿常见的异常心理与问题行为是学生应掌握的重要专业知识和能力。因此，本章是本课程的重点内容之一。
- □ 课前，学生可登录“爱课程”网，观看本章的教学录像，通过网上自主学习的方式提前了解本章内容。
- □ 本章可采用“案例教学法”教学，即组织学生开展案例分析与问题研讨，深刻理解和把握课程内容。

在幼儿成长的过程中，其心理和行为有可能偏离常态，表现出不同程度的异常心理与问题行为。有些可能较轻，只是“成长中的烦恼”，经过暂时的支持性咨询与帮助，很快能回到健康发展的轨道上来；但也有个别幼儿的问题较严重，属于临床诊断的心理与行为障碍。教师要学会从心理发展特征的角度去分析和初步鉴别幼儿中出现的异常心理和问题行为，并能掌握一些特定的治疗方法与技术来辅导与帮助他们。本章将介绍这些知识和技术，以帮助幼儿园教师成为幼儿问题的“心理咨询师”。

第一节　幼儿常见的异常心理与问题行为的种类与症状

幼儿常见的异常心理与问题行为可分为行为障碍、情绪障碍、发展障碍、神经功能障碍四大类。行为障碍包括多动障碍、品行问题、幼儿期逆反；情绪障碍包括分离性焦虑、广泛性焦虑、儿童抑郁等；发展障碍包括儿童自闭症、智力落后、语言与沟通障碍、学习障碍；神经功能障碍包括睡眠障碍、进食障碍、排泄障碍等。下面介绍这些障碍的基本症状。

一、行为障碍

行为障碍是指幼儿发展进程中表现出与年龄、社会规范和要求不符的各种行为，这些行为会对幼儿的学习、人际、社会适应性产生明显的负面影响。

（一）多动障碍

明明，6岁，从小好动，在家爬上爬下，跑来跑去，一刻也停不下来；喜欢去招惹别的孩子；容易和其他孩子发生冲突；做事难以坚持。老师反映，明明坐不住，不超过两分钟准窜到其他座位上，专注的时间很短，注意力容易转移。特别喜欢插话，排队等候对于他来说是一件很困难的事，同班其他孩子渐渐地不愿意跟他玩。母亲非常担心，如果这样进入小学，更难以适应，多次与老师沟通。老师提醒明明的母亲，孩子的问题可能是儿童多动症。

儿童多动症是“儿童注意缺陷多动障碍”的简称，它是指智力正常或接近正常，在儿童时期，表现出注意力明显不能集中，不分场合地过度活动、情绪冲动并伴有认知障碍和学习困难的一种综合征。

儿童多动障碍是儿童心理行为疾病中最常见的，一般在6岁前起病，7岁前表现出来，6～10岁为发病的高峰期。男孩多于女孩，发病率20%以上。据统计，我国学龄儿童患病人数约在2 000万人以上，并且有逐年上升的趋势。其主要症状为：注意缺陷、多动、冲动，表现为活动过多、注意力不集中、冲动、任性、学习困难和有问题行为。

特别要注意的是，对学龄前儿童的多动障碍，要和好奇心强、爱表现、活跃、粗心、急躁的个性特点与行为习惯区分开来，不能轻易冠以儿童多动症这一标签。因此，在诊断前，必须对儿童进行全面的评估，包括成长发展史、父母和教师的报告、行为观察与量表检测。儿童多动障碍还要符合以下五点：（1）7岁之前出现；（2）经常发生，而且比同龄、同性别的其他儿童严重得多；（3）是一个持续的问题（至少持续6个月以上）；（4）在多个情境中发生，不只是发生在一个地方（家里或学校）；（5）明显导致儿童的社交或者学习出现障碍。

虽然儿童多动障碍确诊要到学龄期，但实际上这些孩子在婴幼儿阶段就有相关表现，比如，婴儿时期非常好动、过分敏感或过分迟钝、易怒、睡眠无规律、喂养困难等，但有这些特点的儿童并非都会发展成多动障碍。随着年龄的增长，如果3～4岁的幼儿出现“多动-冲动”症状，并且出现对抗性和攻击性行为，很可能发展成为多动障碍。5~7岁被判断为多动障碍的儿童，很多会在青春期更加严重，引发许多不良表现。到了成年期，患儿的多动行为可能得到一些改善，但注意力依旧不能集中和冲动仍然无法控制，所以容易出现各种问题，比如，成人后离婚率高，家庭暴力、抽烟、饮酒、吸毒的发生率高。可以说，就目前的科研成果而言，儿童多动障碍的危害是伴随患儿终身的。因此，这一障碍也成为儿童异常心理与问题行为方面研究最多的课题。

幼儿园教师在日常教育中很容易发现某些幼儿具有多动倾向，务必及时提醒家长进行关注，给予适当的干预与矫治。

（二）品行问题

5岁的闹闹吃饭时大喊大叫，被妈妈带到墙边站了一会儿，回到餐桌的他一坐下就开始用力摇晃椅子，妈妈想再次拉闹闹去墙边，这次闹闹拽着桌子腿不放，于是妈妈饭后取消看动画片，闹闹一听立刻拿起桌上的两把不锈钢勺扔向妈妈，妈妈躲闪不及，被其中一把击中额角，流血了。妈妈气急败坏，大喊“小疯子，

等你爸爸回来收拾你！”其实，闹闹因为多次在幼儿园里恶作剧、攻击其他孩子或违抗妈妈，已经常被爸爸打，几次之后，他在妈妈面前或爸爸不在家时依然故我。闹闹的父母非常担心，闹闹以后会变成什么样，但除了惩罚似乎没有什么更好的办法。

《美国精神疾病诊断统计手册（第四版）》将品行问题分为对立违抗性障碍和品行障碍。对立违抗性障碍通常在6岁左右出现，儿童表现出与年龄不相符的固执、敌意和挑衅行为，如经常发脾气、和成人争吵、对抗规则、故意激怒他人、易怒等。品行障碍通常在9岁左右出现，儿童表现出重复、持久、严重的攻击性和反社会行为模式，如攻击他人和动物、破坏财物、欺骗或偷窃财物、13岁前经常离家出走或逃学等。关于两者的关系，一直有争议。现在较多的观点是，对立违抗性障碍是一种极端的发展异常行为，但并不是更严重的品行障碍的必然前提。40%有品行障碍的儿童在成年后会有反社会人格障碍，即反社会行为会成为一种稳定的人格特征表现出来。

儿童的品行问题受到长期关注，这些行为与态度违背家庭期望、社会规范，而且对社会可能造成极大伤害，一般包括反社会性、攻击性或对抗性行为。他们早期常常表现为偷钱、说谎、爱挑衅、骂人、打人、离家出走等，上学后则可出现逃学、旷课、违规违纪、破坏公物等，严重的会有打架斗殴、行凶放火、夺取钱物、虐待动物或弱小同伴、习惯性地吸烟或酗酒、染上毒品等。随着年龄的增长，还会出现男女之间性乱等不良行为。培养幼儿的亲社会行为有助于缓解儿童的品行问题，但这类幼儿多成长于一个特别不幸的家庭，周围的生活环境也不利，单靠教师的一己之力难以很好地帮助该类幼儿。

有品行问题的儿童还易伴有注意缺陷多动障碍或抑郁焦虑情绪。幼儿阶段，主要关注的是对立违抗性障碍，其发生率占同龄儿童的6%~12%。尽管这一障碍的形成是生物性和社会性因素交互作用的结果，但从心理教育的角度更注重的是早期干预及持续性干预，并对父母进行管理训练，通过他们教给儿童问题解决技巧。

（三）幼儿期逆反

3—6岁这个阶段，随着年龄的增长，幼儿的自我意识快速发展，主观能动性也越来越强。幼儿对事物渐渐有了自己思想、词汇也日渐丰富，能表达自己的见解，对成人的指挥及各方面的安排能进行选择。幼儿对成人的要求、安排、训斥、惩罚等常执拗、任性、逆向而行，这就是幼儿期逆反。

大多数幼儿期逆反，并非真正的“行为问题”，恰恰是儿童自我觉醒，要求独立的表现，是形成独立性的良好心理准备条件。在3岁左右，幼儿心理发展处于自我中心时期，即开始明确地意识到“我”是一个与其他人相独立的人，“我”的愿望和要求可以经过自己的坚持而达到，于是表现出要求独立的愿望，这是幼儿独立性开始发展的重要标志。

但在现实生活中，也有一些幼儿的逆反，大大超过了正常的尺度，这就不仅仅是独立性发展而带来的正常逆反。有些逆反可能是由成人的教育方式导致的，例如专横式的教育方式使幼儿感到压抑，幼儿便以逆反方式表示不满。再如父母的过分唠叨，也容易使幼儿产生逆反心理。

二、情绪障碍

大量研究证明，情绪对幼儿生活和发展的影响重大。与幼儿情绪密切相关的幼儿异常心理与问题行为，程度轻重不一，轻者为一般性情绪问题，较严重时发展成为情绪障碍。情绪障碍是以焦虑、抑郁、恐怖等消极情绪为主要临床表现的一组常见的心理障碍。患情绪障碍的儿童比例占各类儿童心理精神障碍的第二位，仅次于多动障碍，应引起人们的关注。有以下几个方面。

（一）分离性焦虑

小茹，女，3岁，入园已有一个月时间，但每天去幼儿园时都哭闹：“我不要去幼儿园。”到幼儿园以后，也整天眼泪汪汪地盼着妈妈来接她。她不愿和小朋友玩，喜欢独自走开玩玩具或看书。不肯自己吃饭，要老师喂，不睡觉，甚至还出现反复做噩梦等现象。

分离性焦虑是指幼儿因为与其亲人及最喜欢的事物分离而引起的一种焦虑障碍。较小的幼儿通常会比较大的儿童体验到更多的焦虑情绪，主要是与亲密抚养者分离的焦虑。分离性焦虑对于幼儿的生存至关重要，从7个月到学龄前，大部分幼儿在与父母或其他亲密的人分开时都会焦躁不安，但并不一定是分离性焦虑症。在0—6岁这个阶段，如果缺乏分离性焦虑反而可能意味着孩子存在不安全依恋或其他问题，但过度的分离性焦虑也反映出父母对孩子的关注过度。

扫一扫

阅读《入园焦虑现象》，了解相关内容。

有分离性焦虑的幼儿，会害怕新的环境，或者有述说身体不适的情况。为了避免分离，他们会焦躁、哭泣、尖叫，甚至自伤，或者述说肚子疼、头疼等。他们在家的时候或者父母带出门的时候，表现出寸步不离父母，不愿一个人待在房间里，晚上一定要和父母睡，等等。

分离性焦虑经常是在幼儿体验一些生活的压力事件后出现，如更换抚养人、搬家或更换住所、第一次去幼儿园或更换幼儿园、家庭出现变故等。那些敏感气质类型的幼儿，受压力事件影响，更易反复出现分离性焦虑。因此，幼儿期的分离性焦虑须引起家长和幼儿园教师的高度重视。

（二）广泛性焦虑

幼儿广泛性焦虑是一种以焦虑不安为主要临床症状的情绪障碍，除了焦虑之外，常出现恐惧、害怕、强迫性行为等。这种焦虑或恐惧往往没有明确的指向，幼儿总是担忧会有不好的事情发生，所以惶惶不可终日。有些担忧是幼儿正常发展的一部分，如担心下雨了，妈妈不能及时来幼儿园接自己回家；妈妈生病了，不舒服，陪着妈妈掉眼泪——这是正常的依恋情感和移情能力的表现。只有当一个孩子在一天的大部分时间都对很多事情和活动有着不能自控的过度焦虑和担心，并且在没有任何预兆的情况下，总是过度紧张担心，才考虑是广泛性焦虑。这种焦虑往往是无法缓解的，有时还伴有肌肉紧张、头疼恶心、易怒、入睡困难、精神不振等症状。有广泛性焦虑的幼儿，很容易从一个故事、一部电影、一本书里找到恐惧事件，并与自己相联系。如果从电视里看到车祸的报道，他们可能也会开始担心自己发生车祸。他们往往低估自己的应对能力，总是期待最糟的结果，似乎不知道那些事情发生的可能性其实很小。有广泛性焦虑的幼儿经常想“如果……怎么办”这一类的问题。而且他们还非常担心日常生活中很小的事情，如要穿什么衣服、会不会下雨，甚至变成了一种强迫性的问题与思考。

广泛性焦虑通常是生物学因素和环境因素相互作用的结果。比如，气质类型是抑郁质的，是产生焦虑障碍的高危因素。幼儿的焦虑也和父母的养育方式有关，比如，过度控制、过度保护、拒绝以及父母自身的焦虑行为等。幼儿园教师面对有广泛性焦虑的幼儿时要更加耐心，对其家长的焦虑情绪也应加以关注，并提醒家长调整养育方式。幼儿有广泛性焦虑的，通常宜让家庭成员给予更多的关注，比如，事先告知一些事项的特点与进程，或者宽慰孩子放心，也可想一些办法来转移孩子的关注点。

（三）儿童抑郁

抑郁是一种不快乐的弥散性心境，相比正常情况下的悲伤、不高兴、忧郁或情绪的起伏，这种状态其实严重得多。一方面是这种抑郁心境令人难以摆脱，干扰了儿童的日常生活、人际交往、学业成就；另一方面是抑郁的同时还伴有焦虑障碍或品行问题，如有的抑郁会表现为独自抽泣，有的则表现出沮丧、易怒或发脾气。

不同年龄的儿童表达和体验抑郁的方式不同，婴儿可能会通过被动或无反应来表达悲伤，学龄前儿童可能表现出退缩与抑制，学龄儿童则可能是爱争论和好斗。7岁以下儿童的抑郁状况很分散，难以鉴别，但正是这些不明显的症状将来可能发展为儿童期和青春期的抑郁症。如果儿童不像大部分其他学前儿童一样活泼热情，有生命力，经常表现出极端郁闷和泪流满面，过度依赖母亲或其他抚养者，害怕分离，莫名其妙地发火，甚至出现消极和自我破坏性语言，家长和教师有必要重视起来。这可能不是一种多数人都体验过的、由事件引发的、暂时性的抑郁症状，而更有可能是一种合并有抑郁、焦虑、问题行为等的抑郁综合征或符合诊断标准的抑郁性情感障碍。

由于抑郁儿童会有学业成就、自我感知、自尊、人际沟通方面的困扰，如自卑、孤立、自我封闭、社会退缩等，幼儿园教师可以从培养积极的自我概念、树立自信方面进行个别辅导和团体辅导，促进幼儿对自我的正确认识与接纳。

三、发展障碍

发展障碍主要是指智能、语言、动作、人际等领域发展滞后的一类发育性障碍，有明显的脑器质性原因或不明显的脑功能损伤。

（一）儿童自闭症

儿童自闭症，又称儿童孤独症，是广泛性发育障碍的亚型。全球约每20分钟就有一个孩子被诊断为自闭症。目前，全世界自闭症患者已达6 700万，中国的自闭症儿童已超过100万，而且患病率逐年上升[①]。其共同特征是社会交往障碍、语言交流障碍、兴趣狭隘和重复刻板的行为，其核心问题是社交交往障碍。

1. 社会交往障碍

此类儿童不爱好外界事物，不大察觉别人的存在，与人缺乏眼神对视，不会

① 王晓冰.揭秘自闭症[J].百科知识，2012（6）：4.

分享共同的乐趣，缺乏社会交往方面的兴趣和反应。此外，此类儿童的想象力也较弱，极少通过玩具进行象征性的游戏活动。

2. 语言交流障碍

此类儿童语言发育迟缓，并伴有特殊形式的语言障碍。口语发育延迟或不会使用语言表达，也不会用手势、模仿与他人沟通。另外，他们的语言理解能力也明显受损，常常听不懂指令，不会表达自己的需要和感受，对别人的话也缺乏反应。

3. 兴趣狭隘和重复刻板的行为

此类儿童兴趣受限，会极度专注于某些物件，或因对特定外形的物体特别喜好而一直专注着。他们会坚持某些常规或仪式性的动作，拒绝改变重复刻板的动作或姿势，否则会出现明显的烦躁和不安。

另外，自闭症儿童还具有情绪障碍，表现为情绪变化大，经常大怒，或攻击、或自伤。约有70%的自闭症儿童在智力方面存在不同程度的落后状况，还有约30%具有平均或高于平均水平的智商，其中约有25%的自闭症儿童在拼写、阅读、算术、音乐或绘画方面有特定的天分，远高于其总体智能，也超出普通人的平均水平。另有5%的自闭症儿童发展出某种非常突出的孤岛才能。[①]

阅读《英国自闭症天才达人短暂记忆作画浦西》，了解天才自闭症儿童。

对于自闭症病因的解释暂无定论，但已否定了早期认为的父母冷酷乏爱和“冰箱母亲”这一观点，现在一般认为自闭症是一种由多种原因导致的、有生物学基础的神经发展性障碍，与基因有关，也有可能是脑发育中有某些损伤，还有可能是母亲孕期可能遭遇风险性因素。由于自闭症儿童行为表现的特殊性，在进入幼儿园时很容易被鉴别出来，但如何使自闭症儿童融入普通群体，则需要更多的专业辅助技能。同时也需要对家长给予支持，帮助他们调适期望、降低焦虑。

（二）智力落后

智力落后的学术名称叫精神发育迟滞，是指个体低于平均水平的智力功能和低于平均水平的适应能力。《美国精神疾病诊断统计手册（第四版）》基于智商分数提出了智力落后的四个层次。

① 饶淑园.幼儿心理健康教育与辅导[M].广州：广东高等教育出版社，2013：79.

第一，轻度智力落后（55 < IQ < 70），约占全部智力落后者的85%。在学龄前基本可以正常发展社会和交流技能，基本能完成整个小学6年的学业，成年后一般能工作，独立生活，可能要少量的支持。

第二，中度智力落后（40 < IQ < 54），约占全部智力落后者的10%，在幼儿园里一般都能鉴别出来，进入小学后，可运用单字句和手势来交流，生活自理与动作技能相当于二三岁儿童，学业成就很难超过小学二年级水平，但经过教育与培训，社会性技能与职业技能可以有较大提高。成年后，在监管下，能在庇护性工厂或普通工厂内，做一些技术含量不高的工作，如简单的缝纫、穿制手链。

第三，重度智力落后(25 < IQ < 39),占智力落后的3%~4%,通常由器质性损伤造成，还可能伴有心脏、呼吸、代谢、动作等其他问题，自我照料的能力在9岁后通过训练才能获得，到了成年可以理解或表达部分与生存有关的词汇，终身需要辅助，但可以适应社区生活。

第四，极重度智力落后（20 < IQ < 25），占1%~2%。出生不久就能鉴别出来，他们只能掌握最基本的沟通技能，需要终身照料和辅助。器质性损伤可能导致他们提前死亡。如能在较好的养护机构，经过持续适当的训练，可以完成一些简单任务，如洗手、独立吃饭。

（三）语言与沟通障碍

语言与沟通障碍是指在语言表达、口语交流和理解他人说话方面中的障碍。比较典型的两类亚型是语言表达障碍和口吃。单纯的语言表达障碍是能听懂，但表达上存在缺陷，儿童并不存在智力落后或广泛性发育障碍。语言表达障碍的儿童通常开口说话较晚，言语发展慢，词汇有限、语法结构简单，有可能会在进入小学后影响其学业成就，需要进行适当的语言治疗。口吃是重复或拖长某些音节的发音，以致影响沟通。大多数儿童随年龄的增长可以自发性地克服口吃，所以是否需要语言治疗是个尴尬的问题，一般情况下如果口吃过于严重，以致对说话产生焦虑，建议进行慢慢说、用简短句说、减少压力等训练。

（四）学习障碍

学习障碍是指幼儿在阅读、书写或数学等方面的成绩显著低于该阶段幼儿的智力水平和受教育程度等。由于对学龄前儿童学业要求较低，学习障碍不容易被发现，通常是在六七岁后。数字反写、漏字出格、拼写错误称为书写障碍；阅读不流畅、不理解称为阅读障碍；数学推理与数学计算出现非粗心的认知加工错误，称为数学障碍。这三类学习障碍在整个人群中的发生率为2%~10%。研究发现，这跟大脑传递或聚集不同信息的联络区皮层有轻微的损伤有关，但学习障碍者并没有智力损伤，所以可以在其他领域弥补其不足，如用计算机辅助教学技术来帮助他们克服障碍，给予个别化直接指导，放大原有的优点。但学习障碍者仍然有可能在其擅长的领域有较大的成就。

四、神经功能障碍

儿童的神经功能障碍是指那些与儿童生理有关的健康问题，并不是典型的心理健康障碍，但可能伴随一些心理层面的消极体验，并有前面所述的某些行为、情绪、发展障碍的伴随问题。

（一）睡眠障碍

睡眠障碍是指与同龄儿童正常睡眠状况不同的紊乱、延迟、减少或过度等。睡眠障碍可能引发其他心理问题，也可能由其他障碍或状况导致，其实质是脑的觉醒与抑制状态的失衡。睡眠在个体发育进程中起着重建平衡的关键作用，睡眠障碍往往与多动障碍、抑郁与焦虑、自闭症、品行问题同时发生，因此是儿童异常心理学中的重要探讨对象。

儿童的睡眠障碍分为睡眠失调和睡眠异常。睡眠失调是指入睡或维持睡眠方面的障碍，如睡眠时间太短或太长、难以入睡、醒后精神不振。睡眠异常是指睡眠时出现行为或生理方面的异常现象，如梦游、梦魇、梦惊。睡眠失调是童年期常见的睡眠障碍，会随着儿童年龄的增长自行好转，但需要父母根据孩子的生理特点进行合理的睡眠安排与适度的睡眠要求，如给予睡前的关心，而不是匆忙离去。对睡眠异常者应先排除脑部疾病，若无生理性疾病一般并不需要治疗，但要了解是否有应激源，才能进行心理疏导和放松。

（二）进食障碍

婴幼儿时期的进食障碍主要有不良的进食习惯、喂食困难和偏食或挑食。不良的进食习惯，可能与孩子的咀嚼功能不良有关，如含食，可以多吃些有硬度的食物；或是一种拖延行为，家长可以制订合理的进餐时间，进行行为管理。喂食困难，要考虑孩子是否有胃肠道功能问题或吞咽问题，难养型的婴儿也容易出现喂食困难。偏食或挑食，可以通过替代性食物来保证孩子的营养均衡，对于大一些的幼儿，则可以运用认知-行为训练来帮助孩子改变这一问题。儿童期的进食障碍结果主要是肥胖症，现在越来越多的幼儿加入到肥胖行列，合理均衡的膳食、适度的运动是最好的解决办法。

（三）排泄障碍

排泄障碍包括两类：遗尿症与遗粪症。幼儿在形成自主排泄行为的正常年龄如不能控制其排泄行为，排除生理上的因素，如括约肌发育不良，就可能是出现了排泄障碍。通常会随着年龄的增长自行好转，但因遗尿或遗粪带来的家长责骂、他人讥笑会让儿童愧疚、紧张。可以通过行为训练来促其改善，并创造包容的心理环境。

第二节 幼儿异常心理与问题行为辅导的原则与方法

幼儿常见的异常心理与问题行为，少数可能随年龄的增长有好转或自愈，绝大多数都需要给予辅导或治疗，帮助他们改善。幼儿异常心理与问题行为的辅导需要遵循一些基本原则与方法。

一、基本原则

对幼儿异常心理与问题行为的辅导需要遵循以下原则。

（一）教育性

在幼儿教育中，基于对幼儿的正向品质与个性的培养，幼儿异常心理与问题行为辅导首先要遵循教育性原则，通过幼儿个别与团体心理辅导和心理健康教育活动的形式，一方面要教导幼儿形成正确的行为规范、养成良好的行为习惯；另一方面要更新家长的育儿观，实施科学教养，如对智力落后、言语沟通障碍、学习障碍的幼儿，辅导重点主要在个别化教育。

（二）发展性

毕生发展心理学认为，个体从受精卵到孕育、出生、成长、成熟、衰老直至死亡的全程是一个发展的过程。幼儿的发展包括生理与心理发展、认知发展、情绪发展和社会性发展，幼儿异常心理与问题行为辅导的目的是帮助幼儿尽可能回到正常发展的轨道上，包括指导家长掌握儿童心理发展知识，优化幼儿成长发展的环境。出现异常心理与问题行为的幼儿，在发展方面多数是正常的，只有少部分出现落后或异常状况，进行辅导时不能只着眼于矫正问题，而应以促进正常发展为根本目的。

（三）预防性

幼儿出现的某些异常心理与问题行为，在婴幼儿这一阶段，通常相对较轻，如分离性焦虑、特定恐惧、对立违抗性行为，及时干预后，可以预防在童年或青少年时期出现更严重的障碍。心理干预有三个层面：第一个层面心理辅导，重点是培养正确行为，并对一般性心理问题或偏差行为进行辅导、教育，重在预防；第二个层面是心理咨询，重点是对一般性或严重的心理问题及神经症类的问题进行咨询辅导，重在矫正；第三个层面是心理治疗，重点是对神经症、人格障碍、情感性精神障碍等重度精神障碍进行治疗，包括住院、用药等。幼儿异常心理与问题行为辅导主要是针对第一个层次来开展的。

（四）协调性

幼儿出现异常心理与问题行为，既可能与生物学因素有关，也可能与环境因素有关。在进行辅导时，有必要进行全面的原因分析，协调各种内外因素，多方面着手提出辅导方案。如有多动障碍的儿童，其多动-冲动的行为问题，首先是因为大脑额叶皮层兴奋度过低、自主控制能力差或执行功能紊乱，在这一生物性因素之外，家长、教师过度干涉、排斥等不当的教养方式则可能导致多动-冲动行为的加剧，故辅导时须协调各种影响因素，确定多角度的干预方案。

（五）整体性

幼儿的异常心理与问题行为和幼儿的情绪、行为、智力、沟通、社会交往、生理等方面有关联，往往一种障碍出现的同时还伴有其他相关障碍的症状特征。如，有焦虑障碍的幼儿可能同时伴有抑郁的情绪，有多动-冲动多动障碍的幼儿可能发展出对立违抗行为，有排泄障碍的幼儿容易形成自卑的个性，智力落后和有自闭症的幼儿很多伴有攻击性行为和情绪障碍。因此，在进行辅导时有必要把握个体发展的各个方面，促进幼儿在知、情、意、行等方面整体发展。

（六）信赖性

幼儿在此年龄段对情感和思维的言语表达有限，辅导者急于进行干预辅导，有可能令幼儿产生不安全感和排斥感。对幼儿进行心理与行为辅导的第一步就是要让幼儿对辅导者建立亲近感和信赖感，消除紧张感，放松情绪。再则，幼儿辅导通常有家人的陪同，辅导者也需要尊重家长的感受，取得家长的信任，并告知心理辅导咨询过程的保密性原则，有助于幼儿心理辅导的顺利开展。

二、辅导方法

与成人不同，幼儿的心理特点决定了其心理与行为辅导的方法有一定的特殊性，因问题与障碍类别不同，其辅导方法也应有所差异。不过，无论是哪种方法，其目的都是为了有针对性地解决幼儿的异常心理与问题行为，培养幼儿良好的心理品质，维护幼儿的心理健康。常见的辅导方法有以下几类。

（一）行为疗法

行为疗法也叫行为矫正法，是建立在行为主义理论基础上的一种心理治疗方法。其核心思想是认为人类的绝大多数行为，不论是正常的还是异常的，都是通过学习获得的。因此，个体通过学习和训练可以消除那些习得的不良的或不适应的行为，也可以获得所缺少的适应性行为。

在行为治疗中，对幼儿问题行为的分析应以其外在表现为基础。界定幼儿问题时也要用可操作术语，比如，询问幼儿“你什么时候总想上厕所”，而不说“你什么时候感到紧张焦虑”，这样可以准确掌握问题的发生频率和时间等。幼儿年龄小，自我概念、认知、情感等尚未发展成熟，他们的行为更多地受外在因素的影响。所以在进行幼儿辅导时，很少运用内部强化系统和改变认知结构来矫正行为问题，而通常采用“非认知性”的行为治疗方法。比如，一个随地大小便的幼儿，他无法控制自己的行为，也很难为此感到羞愧、内疚，辅导者企图通过改变认知而改变其行为常常收效甚微，只有以外控和强化的方法训练才会有效。

以下介绍几种常用的幼儿异常心理和问题行为矫正的技术。

1. 强化法

强化法是以操作条件作用为原理，系统地应用强化手段去增强某些适应性行为，减弱或消除某些不适应行为的方法。在行为矫正过程中，常用的强化法有以下几种。

（1）正强化技术

正强化技术是指运用具有奖赏效用的强化物对期望幼儿出现的行为给予奖赏，以增加该行为发生频率的一种行为矫正技术。在正强化的过程中，行为所获得的结果与行为增加具有密切的关系，即行为出现之后获得好的结果，从而使行为得到加强。正强化技术常用于纠正幼儿的不良行为。例如，当幼儿有某种不良行为时成人可不予以理睬，而一旦出现相反的良好行为时，立即给予肯定或其他强化，可以逐渐用良好行为取代不良行为。

在给予幼儿某种物质的或精神的奖励时，幼儿的良好行为得到维持或增加，我们把这些奖励称为强化物。根据强化物的内容，可将强化物划分为以下几种。

① 消费性强化物：指糖果、牛奶、汽水、饮料、巧克力等一次性消费物品。

由于幼儿对食物有不同的偏好，所以应选择能够满足幼儿喜好的强化物。

② 拥有性强化物：指在一段时间内孩子可以拥有享受的物品，比如布娃娃、玩具汽车、玩具手枪、小狗、小猫、漂亮的衣服、纪念品、文具盒等。

③ 活动性强化物：指看动画片、看漫画、手工制作、逛公园、野餐、旅游、逛街等幼儿喜欢从事的活动。

④ 社会性强化物：指精神层面的奖赏。比如：拥抱、抚摸、微笑、亲吻、注视、表扬等。对于幼儿来说，父母和教师的表扬、注意是最有力、也是最有效的强化物。

此外，运用正强化技术对幼儿进行教育时，要注意以下三点。

一是强化要及时。良好行为出现后，应立即给予强化，而且，必须是先有行为，后有强化，这种前后顺序不可颠倒，这样幼儿才容易在好行为和强化物之间建立条件反射，从而更易在类似情境下做出相应的行为。经验证明，即时强化比延时强化效果更好。

二是要选择有效的强化物。强化物的选择在行为矫正过程中起着重要的作用，对一个幼儿有效的强化物可能对另一个幼儿不合适，成人要根据幼儿的需要选择合适的强化物。

三是塑造行为宜用连续强化，维持行为宜用间歇强化。连续强化即个体的每次行为都受到强化；间歇强化即行为出现若干次之后，再间歇地给予一次强化。如果期待幼儿养成某个行为，那么每次出现这种行为，就给予强化，以此引导他形成习惯。良好的行为习惯养成以后，就要考虑如何让幼儿内化这种习惯，而不是凭借外在的刺激维持了，这个时候，就可以考虑间歇强化了，并逐渐拉开间歇的时间距离，最终，使得幼儿逐渐摆脱对外在强化的依赖，成为自己的习惯。

案　例

星星平时吃饭比较慢，有一次速度比较快，这时，老师立刻伸出大拇指，笑着夸奖他：“吃饭快了，真棒！老师给你贴一颗小星星。”

通过正强化可以增进幼儿以后出现此行为的概率，如果每次出现吃饭快这一行为都给予正强化，这一行为就可能稳定下来，成为一种良好的习惯。

（2）代币管制法

代币管制法又称代币管理法或代币治疗法，简称代币法。它是一种运用强化原理，促进幼儿出现更多良好行为的方法。其中的强化物所起的作用类似于货币，因此称为“代币”。代币可以作为在某一范围内兑换物品的证券，其形式有纸牌、小红花、小红旗、小票券等。幼儿可以用这些证券换取自己喜欢的物品。

运用代币法，首先要确定幼儿要养成的良好行为，对之进行清楚、明确的界定，如早上七点钟起床，吃饭时不看电视等。然后规定、说明期待行为与奖赏代币之间的关系。要注意的是，代币必须是可以积累、计算，且只能从成人那里获取的一种证券。成人要注意观察幼儿的行为，并依其表现情况即时发给代币。当幼儿所获代币积累到一定数量之后，就可像用真的钱一样来购买或兑换想要的物品或优待，如买零食、玩具、外出旅游等。随着代币数量的增加，所交换的物品在幼儿心目中的地位也逐渐升高，幼儿可以自由选择要兑换的物品或优待。代币法的主要目标在于培养动机，从而促使幼儿产生期待行为。

（3）消退技术

消退技术是指停止对某种行为的注意强化，而使该行为逐渐消失的治疗技术。例如，小孩借哭闹的方式来引起大人的注意，以达到自己的目的。这时，父母的劝说或打骂都可能成为孩子继续哭闹的强化因素，因此，父母对孩子的这些行为可不予理睬，孩子无理取闹的行为就会慢慢消退。

阅读《威廉的消退法实验》，学习消退法的应用实例。

（4）负强化技术

负强化技术是指如果幼儿进行或完成了某种行为，随即可以消除使他感到不愉快的刺激。利用这一原理，通过取消某种厌恶刺激可增强某种良好行为的可能性。由于不愉快刺激如唠叨、噪声、劳动、隔离等能使幼儿产生极大的不舒适感，因此这些不愉快刺激的移去或撤除能满足幼儿的安全和舒适的需要，达到和给予正强化物同样的效果。所以与正强化一样，负强化能增加个体行为的出现率。

负强化与惩罚的区别

负强化与惩罚都需要运用不愉快刺激，但负强化是去除原有的不愉快刺激，惩罚是施加不愉快刺激，两者的主要区别包括以下三方面。

（1）实施目的不同。负强化的目的是通过不愉快刺激消除不良行为，并建立良好行为。而惩罚的目的是通过不愉快刺激来抑制不良行为的出现，不一定要形成良好行为。

（2）实施方式不同。负强化是针对正遭受不愉快刺激的个体，并当个体表现出所期望的良好行为时，就把不愉快刺激撤离，从而鼓励个体维持良好行为。惩罚是当不良行为出现时及时施加不愉快刺激，以便阻止不良行为产生。

（3）实施的后果不同。负强化的后果是个体喜欢的和接受的；而惩罚给个体带来不愉快、痛苦甚至痛苦的感受。因此，负强化比惩罚更具有积极作用，它不仅可以阻止不良行为，还有利于良好行为的产生。

（5）奖励暂停法

奖励暂停法是指当幼儿出现某种不良行为时，立即停止或取消他能够获得的正强化的机会。这一方法尤其适合矫正儿童的攻击性行为、破坏性行为和自我伤害性行为。例如，对违反纪律的学生可以暂停其娱乐的机会，待其保证后可再恢复其活动。使用这一方法时应注意暂停的时间一般不要太长，否则一旦形成心理逆反就适得其反了。

2. 放松训练

放松训练主要通过放松肌肉和心情，达到克服焦虑、消除疲劳、稳定情绪、振奋精神、应对压力的目的。在儿童心理治疗中，放松训练对消除幼儿的焦虑有特殊的作用。

（1）想象放松法。想象是人类心理活动的一个组成部分。在儿童心理治疗中，想象技术十分常用，操作程序比成人的想象放松更加简单。运用到幼儿心理辅导时，可让幼儿舒服地躺坐在沙发或靠垫上，轻闭双眼，在幼儿辅导教师的言语指导下，自行想象。教师要在幼儿感到最舒服、最放松的情境下来安排指导语的内容。

（2）深呼吸放松法。有些幼儿的行为问题是进入到一个特定场合(如上台表演、到陌生场合)感到紧张，无法放松。在这种情况下，进行想象放松练习已经没有时间和场地了，所以更适合使用深呼吸放松法，既简单又有效。具体做法是：让幼儿站定，双肩下垂，闭上双眼，然后慢慢地做深呼吸。持续五六次，通常幼儿的情绪能较快地平复下来，降低焦虑感。

现场师生练习想象放松法和深呼吸放松法，配上让人心情放松的音乐。

师：现在请你找一个舒服的姿势坐着，肩膀自然下垂，看着老师的示范，用鼻子深深地吸气，吸到足够多时，肚子会鼓起来，接着憋气3秒钟，再把吸进去的气缓缓地呼出，在呼气时想象你所有的紧张都随着呼出的气体消失了。好，现在慢慢闭上眼睛，跟着老师的节奏：吸……呼……吸……呼……（重复数次。）

3. 系统脱敏法

这是行为治疗中应用较早的技术之一，由沃尔普创立，常常用在治疗对特殊客体或情况恐惧或焦虑时所产生的心理障碍，如恐血、怕蛇、考试焦虑等。系统脱敏法包括三个步骤。

（1）建立恐惧或焦虑等级表，把所有能引起恐惧或焦虑的一系列情境罗列出来，并按照恐惧或焦虑程度由低到高排列。此等级的决定与排列，需要教师或家长与儿童一起完成。

（2）进行放松训练，如通过深呼吸，放松全身肌肉。

（3）系统脱敏，按照幼儿和教师或家长之前制订的等级表，从最低级情境开始，进行想象脱敏(或实地、实物脱敏)，直到幼儿对此情境不再感到恐惧或焦虑为止，然后，再对高一级的情境进行脱敏。如此，逐步提高其恐惧或焦虑的等级，尽可能完成对最高等级的恐惧或焦虑的脱敏。

下面以一幼儿害怕触摸兔子的个案为例，介绍系统脱敏法的具体应用。

4岁的小静原来很喜欢小动物，特别是小兔子，有一次，爷爷在家里杀兔子，无意中小静看到了兔子血淋淋的一幕，受到惊吓后小静连自己最喜欢的兔子也害怕，不敢触摸了。父母对此束手无策，苦恼不堪，向老师求助。

老师辅导过程如下。

（1）老师与小静及其父母一起建立恐惧等级表（表4-1）。

表4-1 恐惧等级表

等级	情境	情绪反应
1	观看兔子图片	完全正常，小静知道这是假的
2	观看兔子进食、奔跑等动态视频	正常，因为在电视里，接触不到
3	站在远处观看兔子（5米以外）	有点害怕，担心兔子过来，触碰到自己
4	站在距离兔子3米左右，观看兔子	比较害怕，要站在母亲身后观望兔子
5	站在距离兔子1米左右，观看兔子玩耍	非常害怕，做不到
6	蹲下观看脚边的兔子，并喂食	非常害怕，做不到
7	触摸兔子	更加害怕，做不到

（2）对小静进行放松训练，并教小静如果心里不适时，可以自己进行深呼吸放松；也可加以认知辅导，告诉小静兔子可爱的一面。

（3）系统脱敏。按照小静和父母一起制订的等级表，从最低级情境开始进行脱敏，从第三级开始由教师和父母一起带领小静进行实地和实物脱敏，直到小静不再焦虑、害怕，并运用强化法给予鼓励和表扬。然后，再对高一级的情境进行脱敏。如此循序渐进，经过系统脱敏辅导，小静可以平静地触摸兔子，给兔子喂食了。

平平在幼儿园用餐时，被老师强迫吃带有细小鱼刺的鱼丸（没刺伤喉咙，但平平感觉很不好），平平从此再也不吃鱼丸了。该怎样应用系统脱敏法，矫正平平的行为？

4. 模仿学习法

这是建立在班杜拉社会观察学习理论基础上的一种行为治疗方法。幼儿的许多行为并非通过直接实践或受到强化形成的，而是通过观察、学习产生共鸣，从而增加良好的行为或减少、削弱不良行为的。因此，模仿与强化一样，是学习的一种基本形式。模仿学习法包括现场示范法，参与模仿法，自我示范法，电影、电视或录像示范法、想象模仿法以及角色扮演法等多种类型。

比如，对一害怕小狗的幼儿，可使用以下三种模仿学习法让幼儿敢于接近小狗，产生喜爱。（1）现场示范法，让幼儿在现实环境中，观看其他儿童如何与狗玩耍、相处。据报道，该法有效率达50% ~ 67%。（2）参与模仿法，让幼儿观摩示范儿童与狗玩耍，还让他在成人的指导下逐步参与此种活动。有效率高达80% ~ 92%。（3）电影、电视或录像示范法，让幼儿观看示范者与狗相处的有关电影、电视或录像，使之逐渐模仿示范者的行为举止，消除对狗的恐惧。有效率为20% ~ 30%。①

5. 其他方法

在行为矫正技术中，还有冲击疗法（暴露疗法）、厌恶疗法，以及惩罚中的暂时隔离技术、矫枉过正法。由于幼儿年龄尚小，这些方法刺激较大，易对幼儿身心带来伤害，不建议使用。

阅读《厌恶疗法简介》，了解厌恶疗法的操作。

① 饶淑园.幼儿心理健康教育与辅导[M].广州：广东高等教育出版社，2013:87.

上课时，一名幼儿很调皮，总是扰乱课堂秩序，尽管受到老师多次的警告和批评，但他丝毫没有改变。如何应用行为疗法对该幼儿的行为进行矫正？

（二）绘画疗法

我们知道，人类先有图画后有文字，儿童也是先学绘画再学文字的。一幅图画胜过千言万语——因为图画传递的信息比语言更丰富，读图是最简单、最直接了解人们内心世界的方法。画者一面进行着创作，一面会与内在进行交互对话，对话内容会显露出内在未解决的难题，同时绘画的创造性也会带来治愈性力量。绘画是个体潜意识的表达，绘画的语言丰富、内涵清晰，各种画笔、水彩、颜料、油墨，都可以用作画具。这些画具可以揭示幼儿神奇的心理世界，幼儿用稚嫩的笔触、线条或色彩所作的一些看似简单或古怪的作品，都是幼儿内心情绪与情感、想象与思维的投射。在幼儿的心理辅导中使用绘画治疗，其实是提供一种方式，让幼儿可以表达心中的焦虑、忧郁、孤寂或害怕等种种复杂情绪，一旦画出来之后，会获得很大的释放。

克莱默将儿童绘画划分为五种类型。（1）初级涂鸦型：涂鸦、涂抹、探索绘画材料的物理性质。这些活动不会产生有象征意义的图形，但儿童体验了积极、自我和谐的情绪；（2）情绪发泄型：倒出、泼洒颜料，敲打材料发出声音，出现失去控制的破坏行为；（3）循规蹈矩型：刻板地临摹、描画轮廓、画没有新意但符合一般规范的绘画作品；（4）以画代言型：通过画图代替言语与人进行交流；（5）艺术表达型：画出具有完整意义的美术作品，成功地表现自我，与人交流。

许多儿童绘画并不是要真正地完成一幅作品，只是探索和尝试绘画材料，那些无法抑制紧张、焦虑、亢奋情绪的孩子在绘画中很容易出现混乱，例如一个有多动障碍的幼儿可能会停留在涂鸦的水平上，什么也画不出来；而一个受到心理创伤的幼儿会因为注意力难以集中，无法画出结构良好的形象，反而弄皱画纸。绘画治疗的环境要让幼儿感到安全，可以自由随意地画出各种形象。如果幼儿愿意接受绘画辅导者一起参与绘画，可以将绘画变成一种交流活动，在画上表达彼此的想法。同时，绘画也是一种具有年龄特点的、有效的讲述方式，绘画可以让幼儿的讲述自然而然地发生，也可以借助这种视觉性的讲述方式，使二者距离拉近。辅导者在对幼儿的绘画作品进行反馈时，其实是对幼儿画中投射出的情感进行反馈，有助于幼儿利用绘画修复心灵。在绘画的颜色选择上，也有其年龄特点，4岁前，幼儿选择颜色是无意识的，常常是抓起离他最近的任何颜色的画笔来画。4~6岁，一些幼儿开始把图画中事物的颜色与他们知觉到的环境中的事物的颜色联系起来，但仍具有主观性和随意性。6~9岁，儿童开始出现图式性的用色，形成使用颜色的规律，如树干是棕色的、树叶是绿色的、海水是蓝色的、土地是黄色的。9岁以上的儿童则倾向于以事物本来的颜色绘画，具有写实性。如果是受到心理困扰或创伤的儿童，其绘画中的色彩使用往往要受到关注，大多数情况下，过多使用黑色具有消极意义，包含恐惧、威胁、否定等消极情感。

幼儿绘画作品中形象，特别是人物形象也是具有情感意义的结构性要素，自我感觉不良或自尊水平很低的幼儿一般会把自己画得很小。比如，一个父亲有家庭暴力行为的幼儿在他的自画像中把自己画得很小（图4-1），他讲述道："我爸爸经常对我生气，我希望自己越来越小，气也越来越小，小到爸爸看不见。"经历严重创伤，如暴力虐待、大地震后的幼儿，绘画的一般特点是反复画、用色少，讲述和描绘悲痛、绝望和自我毁灭事件等。

现阶段对幼儿绘画情感表现的研究集中在其可能有的问题上，通过绘画发现幼儿积极品质的经验相对较少。但在幼儿绘画作品中，的确存在一些代表心理康复的表现。例如，一个来自受家庭虐待的6岁男孩画自画像时，画了一个很大的人，带着笑容，说明"现在我家里的状况不好，但是有一天，会好起来的"（图4-2）。这种在他的图画和讲述中表现出来的充满希望的感觉是心理康复的关键，表明他的内心有把握命运的信念。也有的幼儿在画中表达了对美好事物的渴望和回忆，如远方或想象中的风景、动物、小鸟、蝴蝶，玩耍的孩子、亲密的家人等。

图4-1　自我感觉不良幼儿的绘画作品

图4-2　有心理康复力的绘画作品

总之，绘画或其他艺术活动是承载无法言说的伤痛和痛苦情感的载体，但也是能带来欢乐和安全感的载体，还是一种在环境难以改变下，展现幼儿适应能力、应对能力和继续成长能力的载体，是一种有效的康复治疗方法，对于各种焦虑、创伤应激障碍、多动障碍、自闭症、抑郁等异常心理儿童都有很好的治疗效果。

扫一扫

观看《艺术疗法》视频。了解如何运用艺术疗法辅导幼儿的问题行为。

（三）游戏疗法

游戏治疗，即从单纯的儿童游戏发展成为一种心理辅导治疗方法，源于1909年弗洛伊德的儿童治疗案例，到20世纪30年代至50年代，发展出了不同理论流派的游戏治疗。游戏治疗的发展历史与传统心理治疗的发展历史一脉相承，经历了精神分析游戏治疗、结构式游戏治疗、儿童为中心的游戏治疗、行为游戏治疗、格式塔游戏治疗、焦点游戏治疗、认知游戏治疗，等等。发展到今天，游戏治疗已不再是一种单一的治疗形式，而是包括一大组治疗形式，涵盖了多种国际上已经极为成熟的理论取向和技术策略，如游戏、艺术、音乐、戏剧、舞蹈、运动、沙盘、故事疗法，等等，有多种应用于来访者的不同干预方法和不同设置，既可以对来访者进行短期干预，也可以进行长期的治疗；既可以在专业的治疗环境中进行，也可以应用在日常的家庭环境里协助父母促进儿童心智发展。至今已经成为国际上通用的、主流的儿童心理治疗和心理发展的方法。我国台湾地区的儿童游戏治疗起步较早，发展至今已经日臻完善，在学校、医院、社区机构等普遍使用。

游戏疗法可以建立治疗关系，帮助幼儿交流他们的想法，游戏中没有成人的评价和判断，可以为幼儿提供直接的或象征性的交流想法和感受的机会。在游戏室中，玩具就是幼儿的词汇，游戏则是幼儿的语言，对幼儿而言，游戏就是最自然的沟通媒介，也是表达自我情绪、想法和行动的工具。而游戏治疗师必须受过良好的训练，知道如何选择器材及如何发展一份安全的关系，让幼儿能用其最自然的方式来沟通表达，在此特殊的心理互动交流中，幼儿的适应能力会提升，因而更有能力来表达并解决心理的挫折和创伤。

游戏疗法适用于治疗各种有行为、情感和心理困难的儿童，从一般问题到严重问题，如儿童多动障碍、自闭症、冷漠和逃避、攻击性行为、学习困难、恐惧、焦虑、抑郁、压力应对、父母离异、亲人死亡、灾难、虐待等造成的心理创伤。

游戏疗法也可用于普通儿童的发展性咨询，如促进心理、情感发展，促进认知发展，促进运动协调能力发展，促进智力，注意力发展，促进人际交往能力发展，促进语言表达能力发展，促进理解能力发展，等等。还可用于青少年、成人治疗，家庭治疗，团体治疗等。

阅读《游戏与幼儿心理健康》，了解游戏对幼儿心理健康的作用。

游戏疗法在儿童心理治疗中主要有以下几种技术与材料。

1. 玩偶游戏

在玩偶游戏中，幼儿会明确某个玩偶的身份，把他自己的感情投射到游戏形象上，并借助玩偶来表达自己在现实生活中遇到的冲突。这其实为辅导者提供了一个机会去观察幼儿的想法、感受和行为，而幼儿自己往往是不知道的。

需要的材料：与实物大小接近的玩具娃娃、仿真玩偶、家庭成员玩偶、玩具房玩偶、填充好的布艺动物，以及卡通人物玩偶、童话人物玩偶等。

2. 木偶游戏

木偶游戏与玩偶游戏相似，可以象征性地让幼儿讲述故事并表演出他们所想象的内容。

需要的材料：家庭成员手掌木偶，指头木偶，用纸板剪出的家庭成员、动物木偶等。

3. 讲故事

首先让幼儿说出他自己的故事，然后辅导者回应故事，并介绍一个更合理地解决故事中内心冲突的方法。可以配合录音、录像来补充，以便幼儿直观地看到或听到自己讲的故事。

需要的材料：写作材料，如纸、笔；美工材料，如纸、蜡笔、彩色铅笔等；用来重演幼儿所讲故事的木偶与玩偶；录音、录像设备。

4. 规则游戏

各种需要遵守规则、轮流、合作的团体游戏，如棋盘游戏、运动类的规则游戏，不建议安排计算机上的虚拟游戏，这并不能引导幼儿学到现实人际社会的行为规范。

5. 沙盘游戏

沙盘疗法已是一门很成熟的心理治疗技术，作为精神分析技术的工具，让问题幼儿通过表达幻想、发展控制力来解决问题并控制内心冲动，因此也叫沙盘游戏。使用专门的沙箱，将沙箱配套的物件摆放在沙箱里，形成自己要表达的主题，可谓“一沙，一世界”。因为沙盘游戏不像绘画、戏剧需要专门的技术，更容易操作控制，无论受何种创伤的幼儿都能够将内心深处的想法体现出来。辅导者需要营造真诚、温暖、认同的氛围，让幼儿体验一个既有趣、放松又能达到辅导治疗效果的游戏过程。

阅读《幼儿箱庭疗法》，了解幼儿箱庭疗法的概况。

（四）感觉统合训练

感觉统合功能失调又称感觉统合障碍，是由于大脑无法有效处理来自身体与周围环境的感觉信息，无法将人类的视觉、听觉、触觉、前庭觉及肌肉关节动觉

（本体感）五种基本感觉的刺激加以统合并适当反应而产生的。患者往往对日常生活各种感觉无法进行适当的反应，但这些反应又是一般人在不需要注意的情况下，便能从容执行的。感觉统合功能失调都可能伴随着注意力不足，同时也可能伴随有阿斯伯格症、自闭症、脑性麻痹、唐氏综合征，等等。越来越多的研究结果表明，儿童多动、注意力差、笨手笨脚、胆小、害羞、不自信、适应力差、写字笔画或部首颠倒、阅读困难、计算粗心、做事或做作业磨磨蹭蹭、孤僻、黏人、爱哭闹、偏食、挑食、怕人触摸、攻击性强，等等，都与感觉统合功能失调有关。在我国，尤其是大城市，感觉统合功能失调的发生率不断攀升。

感觉统合功能失调是很复杂的问题，可能影响儿童的发展、行为、学习、沟通技巧、友谊与玩乐。患有感觉统合功能失调的儿童通常缺乏安全感。他们总是显得笨手笨脚，做事尽管努力了，但结果总是不尽如人意，由此产生沮丧、茫然、惧怕情绪，缺乏自信等。治疗的目的即在于提供上述几种感觉刺激的输入，并适当地控制，让儿童依靠内在驱动力引导自己的活动，自动形成顺应性的反应，借此促成这些感觉的组合和统一。

感觉统合训练是指基于儿童的神经需要，引导对感觉刺激进行适当反应的训练，此训练提供前庭觉（重力与运动）、本体感觉（肌肉与感觉）及触觉等刺激的全身运动，其目的不在于增强运动技能，而是改善脑处理感觉资讯与组织并形成感觉资讯的方法。

感觉统合训练多用于解决儿童如下八个方面的问题：（1）视觉、听觉、前庭觉及本体感觉某一或某几个方面存在异常。（2）经常出现类似的异常行为，或有自伤行为，或频发的自我刺激行为。（3）完成动作有困难。（4）喜欢独处，与同伴一起游戏或沟通存在困难。（5）害怕别人触摸或者喜欢别人触摸。（6）喜欢爬高，旋转不觉得眩晕；害怕爬高或者害怕眩晕。（7）语言发育迟缓、姿势别扭、动作不协调。（8）注意力存在缺陷，多动或冲动，并因此呈现出学业不良问题。现实中，儿童可能呈现上述问题的一个或几个方面。一般而言，感觉统合功能失调较为严重的儿童往往伴随有多个方面的问题。

感觉统合训练的关键是同时给予儿童前庭、肌肉、关节、皮肤触摸、视、听、嗅等多种刺激，并将这些刺激与运动相结合。感觉统合训练涉及心理、大脑和躯体三者之间的相互关系，而不只是一种生理上的功能训练，儿童在训练过程中获得熟练的感觉，增强自信心和自我控制的能力，并在指导下感觉到自己对躯体的控制，情绪由原来的焦虑变为愉快。感觉统合训练就是要用耐心培养儿童的兴趣，让他们建立自信心；要让他们在游戏中感到快乐，自动自发才有效；感觉统合训练因人而异，让他们每天都有多样的感觉刺激为宜。

感觉统合训练分为：触觉训练、前庭平衡觉训练、弹跳训练、固有平衡训练、本体感训练等。

不少幼儿园将感觉统合原理运用到幼儿集体活动中，开展感觉统合运动游戏，其宗旨是“SAFE”（即S=感觉动作，A=适宜，F=乐趣，E=简单）。幼儿园教师要在明确活动目标的前提下，确定活动主题，并根据幼儿的实际需求选择感觉统合运动项目的具体内容，再以集体游戏或亲子游戏的形式来开展感觉统合运动。

阅读《主要的感觉统合训练项目及其作用》，熟悉主要的项目及其作用。

（五）家庭治疗及其他疗法

家庭治疗是把家长、幼儿及其他家庭成员当作一个自然单位，旨在改进这一家庭单位的整体功能的治疗过程，即通过改变家庭成员之间的交互作用来影响个体的变化。家庭治疗的一个前提是，家庭对幼儿的发展具有最重要的影响，家庭的结构、氛围塑造着幼儿的态度、信念、价值观、自我感和相应的行为。家庭治疗的模式，当前应用较多的是米纽秦的结构式家庭治疗和萨提亚的联合式家庭治疗。

阅读《结构式家庭治疗与联合式家庭治疗》，初步了解结构式家庭治疗与联合式家庭治疗。

家庭治疗主要方面之一是，帮助家长更了解孩子的成长和发展，帮助家长认清自己的角色，帮助家长认识孩子问题的复杂性。家庭成员间的问题梳理好了，家庭功能健全了，都有助于问题的改善。

在幼儿心理辅导治疗中，还有阅读治疗、团体治疗等技术。阅读治疗对于幼儿主要是图画书阅读，适合有一定理解能力的幼儿，能有效改善幼儿的情绪障碍。团体治疗是相对于个体辅导的两个人及两个人以上的辅导治疗形式。幼儿年龄尚小，关注度有限，团体治疗以2~4个人为宜。家庭治疗、游戏治疗、艺术治疗或行为疗法均可以通过团体治疗的形式来开展。对于睡眠、排泄、进食障碍除可使用上述疗法外，还需结合营养、药物治疗来改善幼儿的神经生理功能。在大多数情况下，幼儿异常心理和问题行为都需要采用综合的生物−心理−社会干预模式进行干预。

作为幼儿心理健康教育工作者，掌握和使用上面几种辅导与治疗方法同等重要，对于发展障碍幼儿的辅导，还需要特殊教育方面的相关知识，本章不进行详细阐述，学习者可以通过特殊儿童心理与教育、学前特殊儿童教育等课程的学习来掌握运用。幼儿园教师在从事幼儿心理健康辅导工作的过程中，还需要解决自己的心理成长问题及来自家庭尚未解决的问题，用自己的成长体验和更完善的人格去从事幼儿心理与行为辅导工作，才能有更出色的工作成效，真正做到育人、助人，促进幼儿心理积极地发展。

本章小结>>>

1. 幼儿常见的异常心理与问题行为有行为障碍、情绪障碍、发展障碍、神经功能障碍。行为障碍包括多动障碍、品行问题、幼儿期逆反；情绪障碍包括分离性焦虑、广泛性焦虑、儿童抑郁；发展障碍包括儿童自闭症、智力落后、语言与沟通障碍、学习障碍；神经功能障碍包括睡眠障碍、进食障碍、排泄障碍。

2. 幼儿异常心理与行为辅导的基本原则包括教育性、发展性、预防性、协调性、整体性、信赖性。

3. 幼儿异常心理与行为辅导的主要方法有行为疗法、绘画疗法、游戏疗法、感觉统合训练、家庭疗法及其他疗法。

思考与练习

1. 常见的幼儿异常心理和问题行为有哪些？
2. 行为疗法有哪些具体技术？简述系统脱敏法的步骤。
3. 游戏疗法中有哪些游戏类型？
4. 试对感觉统合训练在幼儿心理与行为辅导中的作用进行分析。

项目实践

1. 请对本章第一节“分离性焦虑”案例中的“思思入园不适”进行分析，并制订辅导方案。

2. 到幼儿园或特殊教育学校以问题幼儿为观察对象，结合各种辅导与治疗的技术，提出综合的辅导与治疗方案，并学习相应的辅导方法。

第五章 幼儿异常心理与问题行为案例

我们对儿童有两种极端的心理，都于儿童有害。一是忽视；二是期望太切。忽视任其像茅草样自生自灭；期望太切不免揠苗助长，反而促其夭折。所以，合理的教导是解除儿童痛苦、增进儿童幸福之正确路线。

——教育家陶行知

知识导图

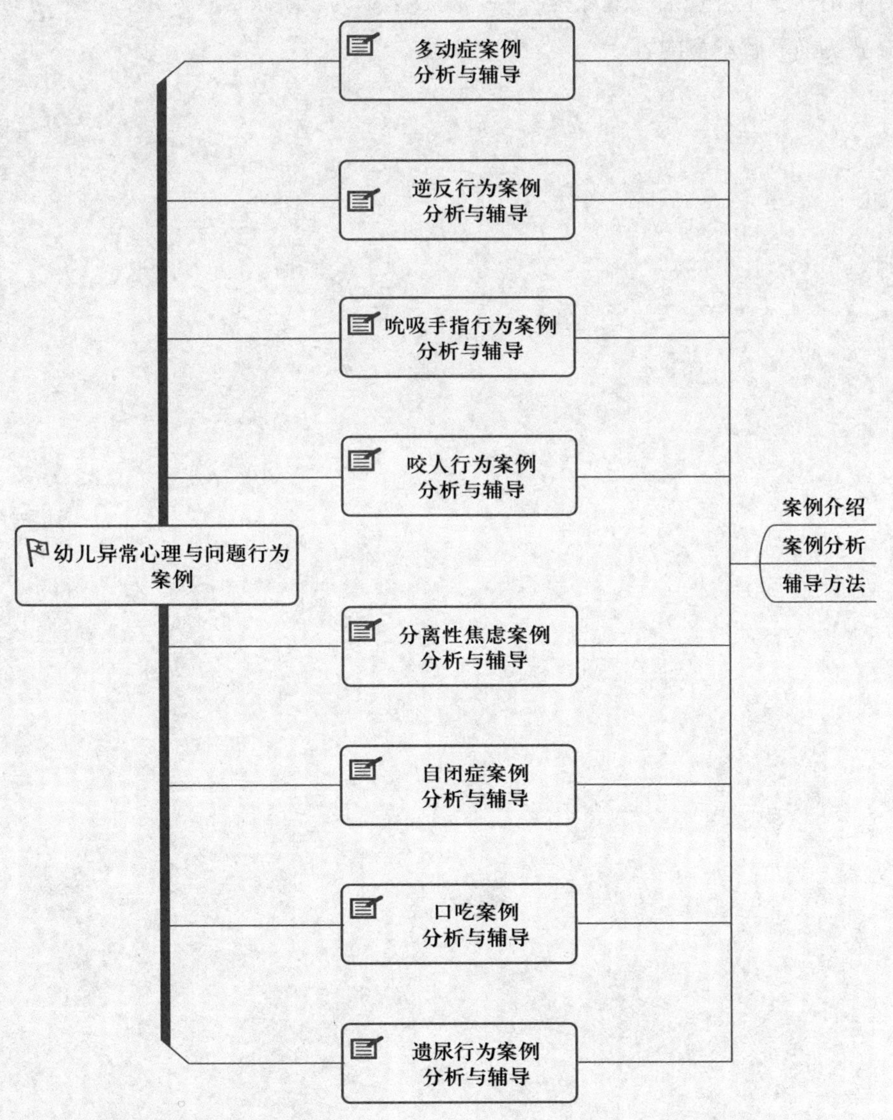

学习目标

- □ 理解：多动症、逆反行为、吮吸手指行为、咬人行为、分离性焦虑、自闭症、口吃、遗尿行为八类幼儿异常心理与问题行为的症状与特征。
- □ 掌握：各类幼儿异常心理与问题行为基本的分析方法与辅导技能。

学习建议

- □ 本章是第四章内容的继续。第四章主要是对幼儿异常心理与问题行为理论知识的介绍，而本章主要是把这些基本知识原理运用于解决现实问题。
- □ 本章建议采用“案例教学法”教学，即组织学生开展案例分析与问题研讨，培养学生分析问题与解决问题的能力。
- □ 课前，学生可登录“爱课程”网，观看本章的教学录像，通过自主学习的方式提前了解本章内容。

第一节　多动症案例分析与辅导

一、案例介绍

浩浩，5岁，上幼儿园大班，比其他孩子明显表现出多动行为。集体教学活动时不遵守纪律，用笔乱写乱画，小动作不断，一会儿玩文具，一会儿咬指甲，一会儿做鬼脸，老师讲课也常被他的大喊大叫打断。他甚至在课堂上乱跑，不听管教；注意力不集中，东张西望，老师批评或暗示后没有任何效果；户外活动中不大合群，喜欢制造"恶作剧"，如有时接连把几个同学推倒，自己却满不在乎；在家里表现出任性、冲动，遇到想做的事情父母不能满足时，便大喊大叫，甚至在地上打滚；在生活中几乎做任何事情都杂乱无章，虎头蛇尾，自己房间里的东西乱七八糟，文具、图书容易损坏，玩具扔得到处都是；等等。

二、案例分析

从以上情况可以看出，浩浩具有以下特点：注意力不集中、易于分心；自我控制能力差、容易被激怒；小动作多、难于安静；行为举止缺乏思考和判断；做事情有头无尾；等等。这是典型的儿童多动症行为。

对多动症的病因和发病机理，目前尚不能十分肯定，多数研究者倾向于认为由以下多种因素引起。

（一）脑神经递质数量不足

一些研究者认为多动症的原因是脑神经递质数量不足，这可能与脑组织损伤有关。母亲妊娠时患疾病，如高血压、肾炎、贫血等；分娩过程异常，如早产、新生儿窒息等；幼儿期患疾病，如过度高烧、患脑膜炎、头部外伤；等等。

（二）遗传因素

研究表明，大约40%多动症幼儿的父母及其亲属中，在其童年也患有此病；单卵孪生儿中多动症的发病率较双卵孪生儿明显增高。多动症同胞比半同胞(同母异父、异母同父)的患病率高，而且也高于一般幼儿。张宪斌教授对800例多动症患儿进行研究，发现14.2%的病例有本病家族史，有11对双胞胎同时患病。上述几点均提示遗传因素与多动症关系密切。

（三）心理社会因素

由于儿童心理发育不成熟，如在此期间，父母教养方式不当、父母离异、被遗弃、被歧视等都将使孩子受到重大的精神创伤，导致抽动或多动等行为异常。另外，溺爱、放任自流、漠不关心，也可能使症状出现或加重。

（四）其他因素

有人认为多动症可能与锌、铁缺乏，血铅增高有关。可乐、咖啡、食物添加剂可能增加儿童患多动症的危险。

三、辅导方法

（一）强化法

当幼儿出现一些良好的行为或比以前有进步时，如注意力比以前集中、小动作比以前减少、不再说谎等，可根据情况给予表扬、鼓励或奖励，这样可以使良好行为得到巩固和发展。

（二）消退法

对多动症幼儿的某些行为，采用不予理睬的方法，使之逐渐消退。开始采用消退疗法时，孩子的不良行为可能恶化，情绪反应也会非常激烈，成人应坚持而不妥协，才会收效。

（三）感觉统合训练

多动症幼儿有协调不佳、感觉过分敏感、注意力容易分散、四肢动作笨拙不灵等现象，如系鞋带、扣纽扣动作协调性不好，跳绳、拍皮球时双手双脚配合失灵等。感统训练能帮助孩子减少多动行为，增强注意力，提高学习能力。

（四）运动治疗

多动症幼儿一般精力都非常旺盛，常从事一些破坏活动以发泄其精力。教师和家长应尽量为幼儿提供正当的释放精力的机会和活动，鼓励幼儿多参加集体活动，如文娱活动、体育活动、游戏活动、劳动等，使其过剩的精力得以适当的发泄。

（五）药物治疗

服用药物可以改善多动症幼儿对情绪和行为的控制力，在改善其行为的教育干预中起到很好的辅助作用。采用药物治疗法应寻求专业人士的帮助。

（六）饮食辅助治疗

研究表明，锌、铁等微量元素及多种维生素能在一定程度上改善幼儿的注意水平。鼓励幼儿多食含锌类食物如蛋类、肝脏、豆类、花生等，含铁类食物如禽血、瘦肉等，以及含维生素丰富的食物如新鲜蔬菜、水果等，有助于改善幼儿的多动行为。

（七）家庭治疗

从系统论观点分析，孩子作为家庭系统中的一员，出了问题，往往反映出家庭中的亲子、夫妻关系不正常，家庭教育方式不科学等。因此，应努力协调和改善家庭成员间的关系，尤其是亲子关系，和谐地与孩子相处和交流，掌握行为矫正的方法，并用适当的方法对幼儿进行行为方面的矫正。

第二节　逆反行为案例分析与辅导

一、案例介绍

芝芝，6岁，活泼可爱，思维敏捷，和外公、外婆、爸爸、妈妈生活在一起。外公、外婆均为退休干部。对芝芝，外婆特别严厉，常常唠叨；外公则对她很娇宠，基本上是有求必应，言听计从。爸爸、妈妈由于工作繁忙，对芝芝管得不多。进入大班下学期，家长发现芝芝特别不听话，凡事偏要反着来。早上上学的时间到了，可芝芝要么赖床不起，要么呆呆地站在镜子前不肯刷牙。于是，大人们对她轮番指责，可是，大人们越喊她越慢，最后干脆说“我不刷牙了”。晚上吃饭时，让她快点吃饭，她却一口饭含在嘴里半天也不咽下去。①

二、案例分析

由于自我意识的发展，几乎每个幼儿都会出现逆反行为，处于逆反期的幼儿不喜欢成人干涉他们做事，会选择逃避或者反着干，极端逆反的幼儿还会出现行为问题。从以上事例中可以发现，即将升入小学的芝芝出现了一些逆反心理的苗头。

---

① 改编自郑晓云．幼小衔接期儿童逆反行为归因与调适策略：以朵朵为例 [J]．教育导刊，2010(8):26-29.

幼儿逆反心理的形成原因是多方面的，既有个体心理发展的必然因素，也有后天环境的影响。

（一）个体成长的必经阶段

幼儿在成长的过程中，随着自我意识的发展，主观能动性越来越强，对成人的指挥和安排表现出更大的自主性。因此，幼儿常常表现出反抗、任性，开始“闹独立”，这是儿童心理发育的必然阶段。即将进入小学的芝芝身上出现的这些现象，是幼儿确立自我的关键时期，也被称为精神上的“断奶期”。幼儿的反抗常常是以跟大人“顶嘴”的方式表现出来的，并且显得理由十足。这表明幼儿的“自我意识”正在发展。

（二）家庭教养方式的影响

家长对幼儿的过分呵护，是许多幼儿逆反心理产生的主要原因。在家里幼儿是成人们关注的焦点，平时生活中的溺爱和过分呵护，养成了她任性、孤傲的性格，一旦需要无法得到满足，就会耍脾气，久而久之，就产生了与家长对抗的逆反心理。

有些家长认为孩子年龄小，安全意识差，经常会包办代替，限制太多，任何可能引发危险的事情更是连碰都不让碰一下，当孩子的自主性和探索欲都得不到支持和满足时，自然会引发他的逆反行为。他对于越是得不到的东西，越想得到；越是不能接触的东西，越想接触。在这种情况下，成人的责骂会引起幼儿的不满情绪，不听劝告的逆反行为就产生了。

三、辅导方法

（一）掌握幼儿心理发展的规律和特点，正视幼儿的逆反现象

幼儿逆反行为是因为自我意识增强，有了自己的思想，这是自我独立的表现。家长要意识到这是每个幼儿必经的成长阶段。逆反心理包含许多积极的心理品质。逆反心理包含诸如自我意识强、勇敢、好胜心强、有闯劲儿、能求异、能创新等积极的心理品质。现代社会充满竞争，迫切需要具有创造性思维、眼界开阔、能进取的人才。因此，家长要善于发现逆反心理中的创造性品质和开拓意识，并合理引导。只要引导得当，逆反心理也能够发挥积极作用。

（二）改变家庭教养方式

家庭成员在对待孩子的教养态度上要尽量做到一致。一方面要避免对幼儿过

分溺爱、呵护；另一方面在生活上减少对幼儿的包办，多提供锻炼机会。如果家长能改善教养的方式、方法，对孩子加以正确地引导，就能收到良好的教育效果。随着年龄的增长和经验的增多，幼儿对周围世界的探索欲望更加强烈，这是幼儿独立性发展的一个大好时机。这时，家长就应在保证安全和合理的前提下，尽量为其提供自己动手和选择的机会。例如，家长在为芝芝购买衣服或食物时，或安排学习与休闲时，应尽量征求芝芝的意见。遇到芝芝感兴趣的小实验，家长应尽量为她提供相对独立、安全的自由操作空间，满足她的尝试的愿望。

（三）合理要求，关注幼儿心理“最近发展区”

对孩子提出的要求要合理。例如，每次不要对幼儿提出过高的要求，只提一些比她的实际能力略高一点、经过努力能完成任务的要求，也就是符合幼儿发展的“最近发展区”。同时，一旦幼儿达成目标后，作为成人，就要及时给予肯定和鼓励。这样，既能使幼儿享受到成功的喜悦，又能增强其自信心。

第三节　吮吸手指行为案例分析与辅导

一、案例介绍

欢欢是中班的一位小女孩，聪明好学。老师、小朋友都很喜欢她，但就有一个坏习惯——爱吮吸手指。在午睡、上课、游戏时都会发现欢欢将食指放入嘴里吮吸。当小朋友午睡起来时，就会听到小朋友的告状声：“老师，欢欢睡觉又吃手了！”这时，她就会用无辜的眼神看着我，仿佛在说：“我不是故意的。它自己要跑到我的嘴里。”有时候，看见她在吃手指，我提醒她，她就把手指拿出来，一会儿又偷偷地吮吸手指了。

二、案例分析

吮吸手指是指幼儿将手指放入口中进行吮吸的习惯性行为。对于年龄较小的幼儿来说，吮吸手指是一种常见的行为，也是一种正常的行为。实际上，幼儿在出生前，甚至还在母亲的子宫里时，胎儿可能就开始吮吸手指了，所有的婴儿都有吮吸的需要，吮吸手指能满足幼儿的这种需要。但如果上幼儿园后，幼儿还保持着吮吸手指的习惯，应视为一种问题行为。

习惯性地吮吸手指会给幼儿带来许多不利影响。成人经常会对这些幼儿说，吮吸手指是“小宝宝才干的事”，同时，这种行为也会引起小伙伴们的嘲笑、戏弄，这会使幼儿产生自卑、胆小、退缩、紧张等心理，使幼儿自我价值感降低；长期地吮吸手指，会导致手指肿胀、脱皮甚至变形；吮吸手指还会影响幼儿牙齿的发育，引起下颌部发育不良；吮吸手指时，手上的细菌极易引发肠炎、肠道寄生虫病。因此，幼儿吮吸手指的行为必须引起高度的重视。

造成吮吸手指习惯的行为可能与以下因素有关。

（一）幼儿口唇期没有得到满足或过度满足

弗洛伊德将人的发展分为五个阶段，即口唇期、肛门期、性器期、潜伏期、生殖期。在口唇期，幼儿通过吮吸母乳或其他吮吸动作获得快感，如果这一阶段没有得到满足或过度满足，会使幼儿长大后出现吮吸手指或咬指甲等行为。

（二）父母喂养方式的不当

一些母亲很早就给孩子断奶或因各种原因没有给孩子喂过奶，当孩子哭闹时，就给孩子嘴里塞一个奶嘴，一些家长甚至在游戏、休息、睡觉时都让孩子含着一个奶嘴。当孩子长大一些后，吮吸手指行为就成为了吮吸奶嘴行为的替代。

（三）幼儿安全感的缺失

有部分从小缺乏母爱的孩子，因为缺乏安全感很容易形成以吮吸手指来自我安慰或自我娱乐的习惯。

（四）幼儿对环境适应不良、紧张焦虑、压力过大

一些孩子入园后，因对环境不适应，或者教师组织的活动超过了该儿童的认知发展水平，会使儿童产生挫折感；有些孩子因能力问题而无法参与活动产生无聊感；有些孩子会因为家长或教师给的压力过大产生紧张感。这些都容易导致孩子通过吮吸手指来转移紧张压力。

（五）寻求感官上的刺激

幼儿是通过自己的探索来获取各种感觉，吮吸手指能够给幼儿提供一种感官上的刺激。

三、辅导方法

（一）观察幼儿

了解幼儿吮吸手指行为出现的时间、地点、情境等，从而为有针对性的辅导提供依据。教师或家长要花一定的时间来观察幼儿，看看孩子经常在什么时候吮吸手指，在孩子把手指放进嘴里之前他在做什么，孩子吮吸手指的时间有多长，什么情况下会停止吮吸手指。这些信息的收集可以用来判断孩子的吮吸手指的行为是否正常，并且能够为判断幼儿吮吸手指行为的原因提供依据，从而采取针对性的干预措施。

（二）提供多种感官替代活动，满足幼儿不同感官刺激的需求

如果观察到幼儿因为寻求感官刺激而吮吸手指，幼儿园教师或家长可为幼儿提供不同类型的触觉和其他感觉刺激的媒介。如更多地安排玩水、玩沙、玩泥巴游戏，安排烹饪活动、嗅觉和味觉辨别活动等，通过提供多样的感官替代活动，来满足孩子不同感官刺激的需求。

（三）满足幼儿需要关注、爱抚的心理

对于一些被忽视的、缺乏安全感的孩子来说，吮吸手指行为能够转移恐惧并得到成人的关注，教师或家长应与孩子建立亲密、融洽的心理关系，多关注、关心那些缺乏安全感的孩子。

（四）降低幼儿的紧张焦虑水平，缓解幼儿的心理压力

教师在组织活动时要提供适合幼儿发展水平的活动，不要让幼儿在参加活动的过程中产生过多的挫折感；家长对孩子提出的要求也要适当，不要给孩子太大的精神压力。

（五）强化儿童的适宜行为，忽视其问题行为

当幼儿吮吸手指的行为有明显控制或改善时，应及时强化这种行为，走到其身边，抱抱他，拍拍他，让幼儿知道，你为他的行为感到骄傲。当幼儿吮吸手指时，成人可以暂时不予关注，不必刻意指出这种行为是不好的，可以轻轻地走到孩子身边，装着若无其事地将他的手指拿出来，当孩子再次投入到学习或活动时，马上给予表扬。这样做不仅能保护孩子的自尊心，而且能让孩子知道成人赞赏哪种行为。

（六）加强家园合作，形成改变的合力

教师要将幼儿在幼儿园吮吸手指的情况反映给家长，听听家长的看法，共同思考如何减少这种行为的做法。家长也应主动与教师沟通，找到问题背后的原因。家长要意识到娇宠、迁就、过分溺爱的方式不利于孩子的成长。对于那些难以适应幼儿园生活而吮吸手指的孩子，家长要注意培养孩子的生活自理能力。

（七）组织教育活动，提高幼儿的认识水平

教师或家长可以心平气和地用通俗易懂的语言告诉孩子吮吸手指的害处，组织“手上细菌知多少”等活动，让幼儿知道吮吸手指不卫生；有条件的幼儿园或家长可以让幼儿在显微镜下观察手上细菌的数量，通过这些活动来提高幼儿克制吮吸手指的自觉意识。

（八）必要时实施行为治疗

对于那些吮吸手指行为非常严重，已导致手指变形，严重影响活动的幼儿，在必要时可以采用一些行为治疗，如给幼儿手上涂抹苦味剂，使幼儿在吮吸时产生厌恶感；给幼儿手指上贴胶皮，戴上手套等；也可尝试规定幼儿在一段时间内反复不停地吮吸，直到幼儿产生不舒服、厌倦为止。但务必注意，幼儿吮吸手指本意是为缓解内心压力，满足心理需求，这种治疗方式尽可能少用或不用。

扫一扫

观看《幼儿吮吸手指行为的识别与应对》视频，学习相关内容。

第四节 咬人行为案例分析与辅导

一、案例介绍

芳芳是个2岁半的女孩，爱咬人。假如某个小朋友拥有她想要的玩具，而那个小朋友不给她，她就会咬人。有时候，她突然走到某一个小朋友面前，笑眯眯地抱住这个小朋友，然后突然咬住这个小朋友的下巴。几天前，由于前面的小朋友没有及时爬上滑梯的台阶，她就咬了那个小朋友的脚踝。每当芳芳咬人的时候，教师总是批评她，告诉她，她的行为给别人带来的伤害。芳芳也总是表现出很后悔的样子，并向被咬的小朋友道歉。但很快就像什么事情也没发生一样去玩了。有时，在

教师的提醒下，她可以一天不咬人；而有时候，过一小会儿后，她就又咬人了。

二、案例分析

咬人是指幼儿经常毫无防备地咬其他儿童。年龄较小的幼儿爱咬人，这是绝大多数幼儿都要经历的阶段，但这个阶段很快会过去。当幼儿出现咬人行为时，教师一般会责备、惩罚幼儿，这可能强化了幼儿把咬人当作迅速得到老师关注的一种方式。有时，教师对这种幼儿自身不能控制的行为大发雷霆，也会影响幼儿自我概念的发展。因此，幼儿的咬人行为既可能伤害到其他幼儿，也会影响幼儿自身的心理发展，对这一行为必须引起足够的重视。

幼儿的咬人行为既有可能是一种正常的自然行为，也会在幼儿受到挫折等特定环境下出现。幼儿的咬人行为，可能与以下因素有关。

（一）幼儿心理水平较低，不会考虑他人的感受

年龄较小的幼儿因为不会考虑他人的感受，在与同伴互动时，难以把握互动的分寸，可能随口张嘴咬人，这种咬人对于幼儿来说，是自然发生的。

（二）幼儿在长牙时易发生咬人行为

当幼儿在长牙时，会由于牙龈发痒而通过咬人来摩擦牙齿。

（三）狭窄的空间易导致幼儿的咬人行为

在拥挤的空间里，幼儿的活动受到限制，容易引起幼儿情绪的变化，幼儿可能通过咬人行为来表达自己的情绪。

（四）感知觉的发展可能导致幼儿的咬人行为

幼儿通过自身探索来发展感知觉能力，咬人本身就是一种感知活动。

（五）幼儿受到挫折会导致咬人行为

对年幼儿童来说，当他们在活动中受到挫折，就有可能通过咬其他同伴来发泄这种不良情绪。

（六）饥饿原因

当幼儿感到饥饿时，也可能会通过咬人来缓解饥饿感。

（七）生理原因

如果某个幼儿从来没咬过人，某天他突然开始出现咬人行为，那么有可能是因为他耳朵发炎了，幼儿会通过咬人来缓解这种不适症状。

三、辅导方法

（一）观察幼儿，了解幼儿咬人行为经常出现的情境

教师与家长要认真观察幼儿，了解幼儿一般在一天的什么时候会咬人，咬人的对象是谁，是什么引发了幼儿的咬人行为，咬人前后会有怎样的行为表现。这些信息可以为成人了解咬人行为的频率、发生的原因，从而判断该幼儿咬人是正常行为，还是问题行为，并采取针对性的干预措施。

（二）尽可能保持活动环境管理的有效性

狭小的环境易诱发幼儿的咬人与攻击性行为，因此，教师要经常检查教室里的环境布置、材料和日程安排，以确保满足幼儿的发展需要。环境的管理越有效，越能减少幼儿受到挫折和发生冲突的潜在可能。幼儿很容易感到疲劳和饥饿，因此两餐之间，教师要给他们提供一些点心。

（三）采取预防措施防止幼儿的咬人行为

如果通过前面的观察已经了解到幼儿咬人经常出现的情境，教师就可以采取一些措施来预防。如待在幼儿旁边，发觉他想咬人了，就抱开他并转移他的注意力；如果觉得他需要咬一些东西，就给他提供一些替代物品。

（四）强化幼儿适宜的社会交往行为

如果幼儿在与同伴交往的过程中出现一些积极的社交行为，教师应及时地予以强化。当幼儿学会更多的积极交往行为后，其咬人的行为就会减少。

（五）与家长合作，共同消除咬人行为

教师要从家长那里了解幼儿的咬人行为是否在幼儿园以外经常出现，家长对幼儿的咬人行为采取了什么策略，并通报家长在幼儿园里是如何应对的。

（六）适当采取自我控制时间策略

如果幼儿经常咬人，伤害到其他孩子，教师可以采取适当的自我控制时间策略，告诉这名幼儿，因为他的咬人行为，所以要暂时停止他当前的活动，让他到

其他地方待着，反思自己行为的后果，让他意识到这种行为是不被接受的；当他意识到自己的行为对他人的伤害，并主动承认错误后，就可以重新回到活动中来。这种自我控制时间策略不同于罚站，幼儿在这种策略里是可以有自己的支配权的。若幼儿返回活动后又出现咬人行为时，则告诉他，因为他并没有改正自己的错误，再次离开活动到旁边去进行自我反思。

（七）及时治疗幼儿的生理疾病

对于那些以前从未出现过咬人行为，在某一天突然咬人的幼儿，应带幼儿进行身体方面的检查，看是否耳朵发炎了，如果是，应及时治疗。

第五节　分离性焦虑案例分析与辅导

一、案例介绍

思思，男，3岁，来幼儿园已经一个月了，但每天去幼儿园前都哭闹，总要跟奶奶、妈妈说："我不要去幼儿园。"到幼儿园后，整天眼泪汪汪的，自言自语地说："我要回家，我要妈妈！"他不肯跟小朋友坐一块，不跟小朋友玩，喜欢独自走开，玩玩具或看书。不肯自己吃饭，要老师喂，不睡觉，甚至还出现头痛、尿频、反复做噩梦等现象。[①]

二、案例分析

这是幼儿分离性焦虑的典型表现。经了解，思思在家是独生子，三代同堂，家长们对他过分溺爱，样样包办，吃饭要喂，睡觉要边唱歌边拍背才能入睡。父母、家人对孩子过分呵护，导致思思依赖性强，独立性差，对家庭和家人有强烈的依恋，一旦离开亲人，便不知如何应对，缺乏安全感。加上幼儿园对他来讲很陌生，老师不熟悉，同伴不熟悉，不安和焦虑会加重，头痛、尿频、反复做噩梦等现象都是焦虑和不适应导致的。上述案例可能有以下原因。

---

① 改编自张艳婷.儿童异常行为分析与辅导[M].广州：广东教育出版社，2009：133-137.

（一）幼儿的认知和适应能力较弱

面对陌生的环境、陌生的伙伴、陌生的教师以及幼儿园环境中的一套常规，幼儿会无所适从，从而出现情绪波动，引发焦虑。如孩子刚入幼儿园时不能自己穿脱外套、不能独立用餐、盥洗时不能自己整理衣裤等，难以独立完成进餐、穿脱衣物等生活任务，就会表现出无助和焦虑。

（二）幼儿情感依恋缺失

幼儿与父母等亲人朝夕相处，建立了依恋情感，一旦暂时分离，会因缺乏情感上的依恋和安全感而产生焦虑。如刚入幼儿园或进入新学校时这种焦虑尤为明显。

（三）幼儿个性因素

研究发现，在入园之前有与家长分离经验的幼儿比较容易适应幼儿园的生活。性格外向、活泼大胆的孩子则要比那些性格内向、安静胆小的孩子更容易适应幼儿园的生活。

三、辅导方法

（一）提前熟悉幼儿园

入园前1 ~ 2个月，家长应多带幼儿到幼儿园附近参观玩耍，同时给幼儿讲解幼儿园的乐趣，如有许多新奇的玩具，可以和小朋友一起唱歌、跳舞、做游戏等，使孩子熟悉幼儿园环境，愿意上幼儿园。

（二）建立良好的师幼关系

对于思思来说，突然离开家，来到一个完全陌生的环境，他会感到生疏、不习惯、不适应。教师要以和善的面容、亲切的话语、轻柔的动作、耐心的态度去照顾他，与他深入沟通，这样，幼儿会感到安全、踏实，会较快地信任和服从教师。

（三）开展丰富多彩的活动

幼儿园还要考虑尽可能安排丰富多彩的活动，让幼儿在玩的过程中不知不觉地忘掉分离的焦虑，逐步喜欢幼儿园的生活。另外，还应观察、分析幼儿的兴趣和爱好，了解他们喜欢什么玩具，有什么需求，尽量满足他们，以此作为吸引幼儿注意的手段。

（四）家园合作

在幼儿刚入园的时间里，家长和教师一定要做好配合工作。幼儿大哭闹时，家长逗留时间不宜过长，应听从教师的劝告及早离开；教师每天提供给家长一份白天孩子在园的生活情况表，家长早晨要给教师交代孩子晚上在家的情况，以便及时掌握孩子在进餐、睡眠、大小便、情绪等方面的情况。遇到问题及时沟通，及时解决。

第六节　自闭症案例分析与辅导

一、案例介绍

津津，3岁，刚上幼儿园小班。最近，老师发现津津有跟其他幼儿不一样的地方：他不看任何人的眼睛，没有眼神交流；不爱与小朋友交往，而且喜欢独自一个人玩，不理会任何人的任何建议和要求；爸爸、妈妈离开时他不会伤心、哭泣，来幼儿园接他时也没有表现出高兴或喜悦的表情；看到他想要或想吃的东西就拉着大人的手去，而不会用手指着东西说要。同时，他不主动说话，更不能用连贯的语言来准确地表达自己的意见。常有一些刻板的动作，单调地摆放同样的积木。另外，老师从父母那里了解到，津津说话明显比其他同龄孩子晚，直到2岁才开始说话。老师怀疑津津患了自闭症，建议父母带他到医院确诊。

二、案例分析

儿童自闭症又称孤独症，是一种严重的广泛性发育障碍性疾病。患儿1岁之前并没有明显的症状，但仍有一些与普通孩子不同的行为表现。如对人缺乏兴趣，妈妈抱着给他喂奶时，他不会将身体贴近妈妈，也不会对着妈妈微笑，甚至回避与父母慈爱的目光对视，也不会依恋父母，对周围人的存在与否漠不关心，也不愿与小朋友在一起，独自一人反而自得其乐。患儿1岁以后症状会逐渐显现，主要表现为：语言沟通障碍、社交障碍、刻板行为障碍。

虽然自闭症的病因还不完全清楚，但目前的研究表明，某些危险因素可能与自闭症的发病相关。引起自闭症的因素可以归纳为以下几种。

（一）遗传因素

双生子研究显示，自闭症在单卵双生子中的共患病率高达61% ~ 90%，而异卵双生子则未见明显的共患病情况。在兄弟姊妹之间的再患病率，在4%~5%。这些现象提示自闭症存在遗传倾向性。

（二）社会心理因素

有研究者认为，幼儿早期的生活环境缺乏丰富和适度的刺激、成人没有及时教给幼儿社会交往的经验，可能是自闭症的原因之一。另外，精神压力和巨大打击也是自闭症常见的诱因，特别是幼儿的生活环境突然发生巨大变化对幼儿的影响更大。如父母离异、亲人突然去世、幼儿突然被寄养在别处等，都会使其产生强烈的情绪反应，当反应过后，便会逐渐沉默不语，丧失语言交际功能，表现出自闭症的症状。

（三）新陈代谢疾病

如苯酮尿症等先天的新陈代谢障碍，造成脑细胞功能失调和障碍，会影响脑神经信息传递的功能，从而造成自闭症。

（四）器质性因素

如脑损伤、母孕期风疹感染，婴幼儿时患过脑膜炎、脑炎等。

三、辅导方法

（一）应用行为分析法

应用行为分析法是一种常被用来对有发育障碍的儿童进行早期行为干预与训练的操作性方法体系，是目前对自闭症康复训练最有效的康复方法。它把要教授的技能分解成可执行的行为单元，用特殊的手段对每一个行为单元进行培训直到自闭症儿童掌握这些行为单元，然后把已掌握的行为单元串联起来形成更为复杂的行为，最终使自闭症儿童习得这些行为。如教自闭症儿童学习语言，首先要对他进行呼吸的训练，口腔舌部训练，发音的训练，字、词、句的训练，等等。在这个过程中，采取的特殊手段包括提示、强化、纠错、分段、流畅、泛化等，自闭症儿童回答正确或反应正确时则给以鼓励，而错误的反应则纠正、忽略或重做，另外，要对每次学习训练的资料都详加记录，以便对训练计划做出相应修改。

（二）感觉统合训练

有研究者认为，自闭症儿童对视觉、听觉、触觉、本体觉和前庭觉五个方面的感觉刺激过分敏感，所以才出现在社会交往、沟通能力和适应性行为等方面的问题。而感觉统合训练法通过对自闭症儿童感觉功能方面的训练，从而提高自闭症儿童脑的有关功能，为以后学习具体的技能创造一个基础。感觉统合训练一般是由经过专门培训的专业人员向自闭症儿童一对一地实施，借助于以下主要的辅助器材：滑板、平衡台、蹦床、滑梯、吊筒、大笼球、触觉板、羊角球、走步器、阳光隧道、球池、滚筒等。

（三）药物治疗

治疗自闭症的药物主要有抗精神病药物、中枢兴奋药物，如有需要应寻找专业人士的帮助。

第七节　口吃案例分析与辅导

一、案例介绍

俊俊，男，5岁，上幼儿园大班。据母亲介绍，孩子生产时属于早产，从小体质较弱，语言发展得也就较晚，接近2岁时才开始说话，2岁半以后才会讲完整的句子。上学前便有口吃现象，但不严重，没有引起家长的注意。上学之后口吃现象比以前明显了，平时与同伴交谈，吐字模糊，说话吃力，间歇地重复一个字或一个词，失去正常的说话节律。遇到集体讨论发言的情况，说上几个字便卡壳，急得满脸通红，嘴唇颤抖。因此，他常常害怕在众人面前说话，上课害怕老师提问，怕被同学嘲笑。

二、案例分析

俊俊的问题行为是口吃。由于幼儿发音器官发育不完善、口腔肌肉运动欠协调、气息不够、词汇量不丰富、思维能力尚待发展，因此容易出现口吃现象。口吃多在幼儿期形成，也最容易在幼儿期矫正，如果幼儿期得不到矫正，口吃就可能伴随终身。

目前，对于口吃的原因尚不完全清楚，推测可能是以下几种原因引起的。

（一）疾病影响

如与发音、语言理解甚至读书、写字有密切关系的神经系统发生障碍；小儿癫痫、麻疹、热病、脑病、百日咳以及耳鼻喉科的疾病等，都在一定程度上使呼吸和发声受到影响。

（二）遗传因素

口吃与遗传、大脑两半球优势或某种功能障碍有关，与语言神经末梢缺陷有关。口吃患者家族中的口吃发生率较高，达65%左右。

（三）模仿他人形成

很多口吃的孩子，都是因模仿他人口吃而形成的。由于语言机能还不完善，幼儿很容易受到有口吃的人的影响，如经常与有口吃的人接触，模仿有口吃的人讲话，都可能会导致幼儿形成口吃。

（四）心理因素

如父母争吵、家庭不和、环境突变、突然受到强烈的惊恐刺激、说话时过于急躁或紧张等，都有可能出现口吃。由心理因素造成口吃的幼儿都有自卑感，他们通常有消极的自我评价，夸大和担心口吃对自己的影响。

（五）父母对孩子的语言能力过分关注

在幼儿初学说话的阶段，由于言语功能发育不成熟，经常会出现发音不准或咬字不清的现象，这是言语发展的正常现象。但若此时父母急于求成，在孩子说话过程中，经常打断并进行矫正，会给孩子造成很大的心理压力，从而引起孩子口吃。

（六）强行纠正左利习惯

父母或老师强迫孩子纠正左利习惯时，也会使部分孩子产生口吃。人们习惯把控制语言能力的半球称为优势半球。习惯用右手的人，优势半球在左侧；习惯用左手的人，优势半球在右侧。如果成人要求左利手的孩子改用右利手，如要求用右手写字、拿筷子等，有可能使大脑在形成语言优势半球的过程中出现功能混乱，导致口吃发生。①

① 张艳婷.儿童异常行为分析与辅导[M].广州：广东教育出版社，2009：220.

三、辅导方法

（一）医学检查

对于口吃的幼儿，可以先带幼儿到医院检查是否有言语器官闭塞、声带不正常现象或躯体疾病等，根据病情进行处理。

（二）营造良好的语言氛围

成人要给幼儿营造一个宽松和谐的氛围，帮助孩子减轻紧张感。教师、家长与幼儿对话时，对幼儿的口吃行为不要特别加以关注，而是顺其自然。对于幼儿的口吃问题，成人要冷静，一点点地帮助孩子克服口吃，切忌给孩子过大的压力，如强迫孩子和不熟悉的人说话，逼迫孩子说话的时候不口吃等。

（三）尊重幼儿，给予信心

应该避免挫伤幼儿的自尊心，不要在他人面前议论幼儿的口吃问题。多鼓励幼儿，让孩子明白口吃是可以纠正的，但是需要他自己的信心和毅力，只要努力，是能纠正的。当幼儿一时表达不清时，千万不要责怪。要鼓励幼儿慢慢说，有进步就给予肯定，不断帮幼儿树立自信心。

（四）进行必要的语言训练

1. 发音练习

教师念出正确的发音，让幼儿看着教师的嘴形，逐字逐句模仿(先一字一字，后一句一句)。对幼儿的模仿要多鼓励、多强化、少责备。

2. 语速训练

告诉幼儿先在脑海里把要说的话想好，然后慢慢地表述出来；要求幼儿说话的速度要放慢；教会幼儿放松训练，当其说话紧张时，学习用放松代替紧张。

3. 朗读练习

平时可以让幼儿多朗读儿歌、歌曲和背诵故事。有节奏的歌曲、朗诵对幼儿训练语言有一定的帮助，可以找一些生动有趣的儿歌、小故事来激发幼儿学习的兴趣，让他反复练习，以锻炼他说话的连贯性。

第八节　遗尿行为案例分析与辅导

一、案例介绍

奕奕，男，5岁，活泼可爱，乐于帮助小朋友，受到老师和小朋友的喜爱。但奕奕经常夜里尿床，每晚尿床两三次，每次尿床以后，虽然有时能自己醒来，但大多情况下照常熟睡，直到妈妈喊他才迷迷糊糊醒过来。父母多次提醒他让他注意，但仍没有改善，时间长了，父母也不耐烦了，经常会训斥奕奕，现在奕奕在睡觉前总是提心吊胆，生怕尿湿被褥后又要挨骂。奕奕的父母感到非常困扰，在老师的建议下，决定带奕奕去找心理医生治疗。①

二、案例分析

遗尿症是指儿童在5岁以后，仍然不能控制排尿的现象。诊断标准为：5～6岁每月至少尿床2次，6岁以上每月至少尿床1次者。根据这个诊断标准，奕奕的问题属于遗尿症。

至今遗尿症的病因仍不十分明确，近年的研究认为由多病因导致。

1. 遗传因素

近年遗尿症的基因研究表明，它存在家族遗传性②。刘亚兰等对1 500例遗尿症患儿进行研究，发现29%的患儿有明确的家族史。③

2. 功能性膀胱容量减少

膀胱容量是指白天膀胱充盈至最大耐受程度时的膀胱充盈量。用膀胱内压测量方法研究遗尿儿童，发现膀胱容量比预计的要少30%，同时膀胱的容量均不同程度地小于正常，平均小于正常的50%。

3. 睡眠过深

大部分患儿夜间睡眠过深，难以唤醒。这种觉醒反应是随年龄的增长而逐渐完善的，遗尿症是由发育过程延迟或有障碍导致。

4. 心理因素

临床观察发现，大部分遗尿儿童存在心理问题，如：焦虑紧张、自卑、不合群，

---

① 改编自张艳婷.儿童异常行为分析与辅导[M].广州：广东教育出版社，2009：231-232.

② 杨保胜，等.遗尿症 4家系的遗传异质性和时间遗传学分析 [J].实用儿科学临床杂志，1998，13(2):68-70.

③ 刘亚兰，文飞球，周克英，孙枫.儿童遗尿症 1 500例问卷及检查分析[J].中国实用儿科杂志,2008，23(6):419-420.

严重者有攻击性行为等[①]。但近年来的研究发现，这些心理问题是由于长期遗尿而继发产生,并非是导致遗尿的病因。

三、辅导方法

1. 建立合理的生活制度

培养幼儿白天多喝水，晚饭后最好少喝水的习惯，以减少夜里膀胱的储尿量。同时，科学合理安排孩子的一日生活。坚持睡午觉，避免夜间太疲劳、睡得太沉太深；晚上按时睡眠，睡前避免剧烈运动，避免过度兴奋或紧张等；逐步培养孩子上床前把尿排干净的习惯。

2. 膀胱功能训练

指幼儿在白天尽量多饮水，使膀胱容量扩张，当要排尿时，嘱其尽量憋尿，直到不能忍受为止，增大膀胱容量；另外，在白天排尿时，排尿过程尽量做到排尿—中断—再排尿—再中断……加强尿道外括约肌和腹内肌对排尿的控制，以控制膀胱颈部下垂，达到夜间控制遗尿的目的[②]。

3. 唤醒治疗

使用尿湿报警器或闹钟，将湿度感应器放在患儿内裤上，一排尿则报警唤醒患儿，以训练患儿对膀胱膨胀的敏感并及时苏醒。此法安全、经济、无副作用，但短期内不能见效，须长期坚持使用，且使用烦琐，停止治疗易复发,很难推广使用[③]。

4. 药物治疗

可以在医生指导下进行药物治疗。

本章小结>>>

本章选取了八个具有代表性的异常心理与问题行为：多动症、逆反行为、吮吸手指行为、咬人行为、分离性焦虑、自闭症、口吃、遗尿行为。本章对上述案例进行了分析，并提供了辅导的方法。

---

① Schulpen T W.The burden of nocturnal enuresis[J].Acta Paediat,1997,86(9):981-984.

② 刘学军.针灸治疗小儿遗尿症48例[J].湖南中医杂志,2003,19(5):45-46.

③ 冯高超.行为治疗辅佐药物治疗儿童遗尿症38例[J].新乡医学院学报,1999,16(2):262.

 思考与练习

1. 上课时，一名幼儿很调皮，总是扰乱课堂秩序，尽管受到老师多次的警告和批评，但他丝毫没有改变。如何对该幼儿的行为进行矫正？

2. 请针对本章第五节“分离性焦虑”的案例制订辅导方案。

 项目实践

选取特殊学校或以幼儿园一个典型案例（以某一异常心理或问题行为幼儿为对象），进行深入调查，分组分析该案例，并制订辅导方案。

第六章 幼儿核心心理素质的培养

尊重生命、尊重他人也是尊重自己的生命，是生命进程中的伴随物，也是心理健康的一个重要条件。

——精神分析心理学派代表弗洛姆

知识导图

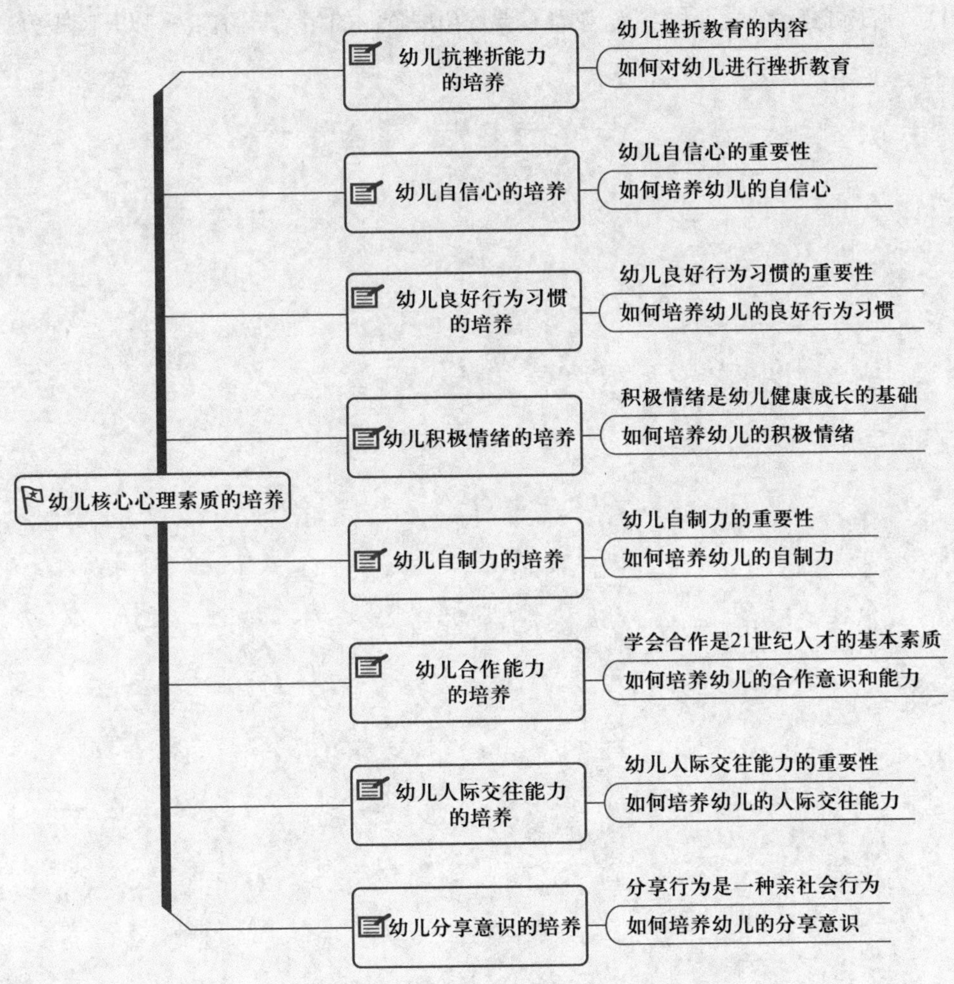

学习目标

- □ 了解：抗挫折能力、自信心、行为习惯、积极情绪、自制力、合作能力、人际交往能力、分享意识等的基本概念。
- □ 掌握：核心心理素质培养的基本方法和途径。

学习建议

- □ 本章介绍核心心理素质培养的基本方法和途径，有了前面理论学习的基础，学生可采用自主学习的方式进行学习。
- □ 本章学习过程中要注意理论联系实际。
- □ 学生可登录“爱课程”网，观看本课程拓展资源的相关学习内容，以开阔视野。

心理素质指一个人在认知、情感、意志、个性等品质上的特征，包括个性心理品质、健康状况、智力因素，以及非智力因素中自信心、恒心、毅力、自我认识能力、社会适应能力、社会交往能力等许多方面，它是一个综合的概念。心理素质是个体适应环境、赢得学习、工作成功、获得人生幸福的重要条件。

案　例

美国著名心理学家特尔曼从1921年起对IQ在135分以上的1 528名超常儿童的成才情况进行跟踪研究。30年后，他从研究对象中选出800名男性，对其中成就最大的20%和成就最小的20%进行比较，结果表明，两者的明显差异不在于智力水平，而在于是否具有良好的心理素质。

一个人从出生到成年，从一个幼小的生命成长为个性特征明显的人，甚至变成一个心理不健康的人，并不是无缘无故的，其根源可以追溯到幼童时代。有人研究分析后认为，那些得精神病或自杀的大学生，都是儿童期间有“苗头”（如性格古怪、孤僻、任性、执拗、冷漠等），少年期间出现心理障碍，大学时发作。

因此关注心理健康，应从幼儿期起进行良好心理素质的培养，预防心理疾病的发生与发展。

第一节　幼儿抗挫折能力的培养

欣欣和琪琪正在幼儿园大班，她们是两位关系比较要好又都争强好胜的孩子。欣欣先要上去表演了，琪琪在一边轻声地说：“看你表演得怎么样！”语气里充满了挑衅。“那你就看着吧！”欣欣也回了一句，继而熟练地表演起来。当热烈的掌声响起时，欣欣得意地看了琪琪一眼。轮到琪琪表演了，一开始还不错，但跳着跳着，腿就开始不听使唤，跟不上节奏了。琪琪自我感觉跳得不好，垂头丧气地回到座位上。这时一旁的欣欣说：“你怎么跳的啊，后面都跟不上了。”一听这话就如火上浇油，琪琪心中的不快一下子爆发出来，冲着欣欣就来了一句“就你能，行了吧”，边说边哭了起来。

点评：孩子承受不了委屈、失败、挫折，如果成人的教育方式又不正确，对幼儿今后的成长非常不利。

当今社会经济快速发展，人们的生活水平得到了提高，许多孩子在优越的物质环境中成长，而且大多数家庭出现了“四二一”的结构。这样的家庭结构，使幼儿成了家中的“小太阳”，是家庭的核心人物。全家人都围着他转，长辈们呵护备至，不舍得让他们受一点点挫折与伤害。家长的关注与溺爱容易造成他们以自我为中心的心理。幼儿从小在“蜜罐子”中长大，从未受过任何委屈。当这样的幼儿进入幼儿园中，接受集体教育时，他们就会遇到种种困难，多数孩子采取逃避的态度。而且身边的每个小朋友都是家里的宝贝、父母的“掌上明珠”，都感觉自己很“宝贝”，不可欺负，长期相处，难免发生冲突，互不相让。这种逃避挫折的现象，如果在幼年时期没有得到良好的引导和教育，长大后一旦遇到高考落榜、无处就业等挫折时，就会产生一些心理疾病甚至危及生命。因此经历一定的挫折，开展挫折教育活动对培养幼儿的坚强意志和抗挫折能力是有益的。

一、幼儿挫折教育的内容

挫折是指人们在追求某种目标的活动过程中，受到阻碍或干扰，致使目标不能实现时所产生的情绪体验。挫折感容易发生在那些从小娇生惯养、意志软弱、独立性差、个性发展有偏差的人身上。挫折教育就是有意识地利用或创设一些困境，让孩子在困难中经受磨炼、摆脱困境，从而提高挫折承受力，培养迎难而上的坚强意志。幼儿挫折教育的内容有下面几点。

（一）充分感受和体验挫折

充分感受和体验挫折是挫折教育的基础，目的在于情感的培养。由于幼儿的生活经验少，缺乏解决问题的能力，因此，当他们面临困难的时候，成人常常替他们解决，在这个过程中，幼儿不可能有对挫折的充分感受和深刻体验。长此以往，必然会使幼儿形成畏难和依赖心理。挫折教育必须要破除幼儿的依赖心理，例如，当幼儿摔倒时，让他自己爬起来；当幼儿不会穿衣服时，成人不要代劳，要学会耐心等待，让幼儿自己摸索着把衣服穿好，鼓励孩子独立面对困难，切身地感受困难，使孩子真正将挫折情境纳入到情感系统和认知系统。只有当幼儿充分地感受到挫折带来的痛苦体验时，才会激发他们解决问题、克服困难的动力。同时，若这个过程经常得到强化，就会形成一种稳定的心理过程，使他们在挫折情境中由被动转为主动。

（二）正确认识和理解挫折

正确认识和理解挫折是挫折教育的关键，目的在于认知的发展。美国心理学家艾利斯在20世纪50年代提出了ABC理论。A（activing events）是指诱发性事件；B（beliefs）是指个体在遇到诱发性事件后产生的信念，即他对这一事件的看法、解释和评价；C（consequence）是指在特定情况下，个体的情绪及行为后果。该理论强调挫折是否能引起人的情绪恶化，并不在于挫折本身，而在于对挫折的认知，即人对挫折及其意义的认识、评价和理解。因而，形成对挫折的正确认知是提高幼儿承受挫折能力的关键。幼儿思维的发展依赖直观的形象，幼儿通过亲自感受和体验挫折能直观地了解事物发展的过程，从而对挫折有初步的认识。幼儿对挫折的理解，需要成人的启发，伴随着反复体验，他们逐步认识到挫折是客观存在的，具有普遍性。只有让幼儿在克服困难中正确认识和理解挫折，才能培养出他们不怕挫折、克服困难的勇气和信心。

（三）掌握战胜挫折的方法

掌握战胜挫折的方法是挫折教育的归宿，目的在于行为的引导。通过挫折教育，要使幼儿在战胜困难的过程中积累经验，掌握正确的方法，并通过强化，形成条件反射，当幼儿再遇到相似的挫折情境时，便会不自觉地采用有效的方法来克服困难。只有掌握了正确的反应方式，幼儿才能提高应对挫折的能力。

一般来说，幼儿战胜挫折的方法主要有以下几种。

1. 自我鼓励

在困难面前，幼儿比成人更需要他人的鼓励，父母、教师的鼓励会使幼儿获得安全感和自信心。但当幼儿必须独立面对挫折时，就应使他们掌握自我鼓励的方法。自我鼓励其实是一种积极的自我暗示。例如，幼儿对自己暗示“我能行的”“我会很勇敢的”，这本身包含一种接受自我、肯定自我的态度，这种肯定自我的态度会转化成一种自我鼓励。自我鼓励常来源于成人的肯定，如教师、父母说“你真行”，幼儿便会将它内化为“我真行，我能行的”的认识。

2. 继续努力

在很多情况下，幼儿受挫是他们不够努力的结果，所以应让他们继续努力，以达到目标。在这些挫折情境中，应首先让幼儿意识到目标是可以实现的，只是行动上不够投入或不够认真才不能达到目标，并因势利导，让幼儿明白，做好任何一件事都不是件容易的事情，必须付出一定的努力和代价。当这种意识得到强化时，幼儿能逐渐形成坚韧的个性品质，这对培养幼儿的意志力有重要作用。

3. 分析原因，改变策略

在某些情境中，幼儿受挫是因为他们只是采用了一种方法或坚持了错误的方式，因而需要启发他们分析产生挫折的原因，尝试不同的方法，寻找恰当的策略，最终达到目标。在这些情境中，应鼓励孩子积极地思考，多方面考虑问题，培养孩子灵活解决问题的能力。

4. 补偿

当幼儿因为自身的缺陷或社会环境的客观原因而不能达到目标时，可以通过加强另一方面的品质来补偿客观造成的挫折。例如，身体矮小、瘦弱的幼儿在体育方面可能难以取得好成绩，但是可能在其他方面有天赋或通过努力能达到另一方面的成功。这时，应引导幼儿从挫折感中转移注意力，在另一方面取得成就，以达到心理平衡。

5. 合理宣泄

挫折会带来消极的情绪体验，要引导幼儿通过合理的途径，把这种消极情绪宣泄出来，不要自我压抑，闷在心里，哭泣、大笑、运动、倾诉等都是宣泄的途径。但也要让孩子明白，宣泄的方式要合理，也就是说，在宣泄时不要影响和伤害他人。

总之，幼儿挫折教育就是要围绕着认知、情感、行为三个方面，进行全面的培养和教育，是知、情、行的统一。

二、如何对幼儿进行挫折教育

（一）利用日常生活中的挫折进行教育

进行挫折教育的目的就是为了让幼儿在日常生活中具有独立生存的能力，能独立面对挫折，较好地解决问题。所以利用日常生活中自然产生的挫折情境进行挫折教育具有重要的现实意义。自然情境因为具有自然性和真实性，能使幼儿充分地体验挫折的产生、发展、变化。一些美国教育家认为，要培养幼儿的独立生存和抗挫折能力，父母负有重要责任。美国的大多数幼儿从小就单独居住在自己的房间里、自己活动。锻炼生存能力，学习走路时，很少由父母牵着手走，走不好摔倒了，自己爬起来，成人一般不去拉扶和安慰。幼儿在很小的时候便要分担家务，例如打扫房间、替父母买东西等。在这些过程中他们常常会遇到困难和挫折，父母便要求他们独立地解决问题，于是在排除挫折的过程中，他们便进一步地独立和成熟起来。

（二）主动创设一些挫折情境或“劣性刺激”进行教育

在幼儿的生活、学习活动中，可适当地利用一些现实情境给幼儿“劣性刺激”，如远足、竞赛、劳动、严厉批评、提出难题让幼儿解决等。所谓“劣性刺激”，是指令人不快或不舒服的外界刺激，如饥饿、劳累、困难、批评、惩罚等。适当地拒绝给幼儿喜欢的东西、让孩子感受饥饿，对经常获得表扬的幼儿不失时机地给予批评，都能使幼儿体验到许多事情并非是按自己的意愿进行的，克服幼儿的自我中心倾向，认识到挫折的客观存在。但要注意“劣性刺激”的安排要恰当、适时，要评估成人给予负面刺激的程度。

阅读《日本的挫折教育》，思考其对我们的启示。

近年来，我国在挫折教育方面也有不少尝试，但仍面临着科学化和制度化的问题。在进行挫折教育时要注意活动内容、时间，以及活动方式等都要适合幼儿的体力、智力及心理特点，不能活动量过大、要求过高、时间过长，否则会影响幼儿参加活动的积极性，甚至会影响幼儿的身心健康。

开展挫折教育是为了让幼儿学会应对挫折，培养幼儿的坚强意志，提高他们的耐挫力。适度的挫折，有利于幼儿成长；但忽视幼儿的承受力，则适得其反，将会造成幼儿的自卑感，使幼儿畏惧挫折等。对幼儿进行挫折教育时还应注意以下问题：一是，必须注意强度要适当。家长应根据孩子的特点，把握对其进行挫折教育的强度，使之既有利于提高幼儿积极的心理承受能力，又不超过孩子的心理承受度；二是，挫折教育要循序渐进，挫折的实施应有一个逐渐提高的程序，由低到高、由易到难，使幼儿逐渐适应；三是，挫折教育的时间和频度要把握得当。一个挫折持续的时间控制在意志调节不疲劳的有效范围之内。另外，挫折出现的频率不能过高，防止给幼儿带来心理损伤。

（三）开展专门的挫折教育活动

挫折教育活动具有系统性、全面性、针对性，是一项有计划、有目的的教育活动，可以从认知、情感、行为等多方面对幼儿进行。在认知上，正确理解挫折，懂得挫折是客观存在、不可避免的；在情感上，充分体验挫折，消除对挫折的害怕心理；在行为上，掌握战胜挫折的有效方法，形成正确的反应方式。通过知、情、意、行的系统培养和训练，使幼儿成为一个勇敢坚强的人。

1. 开展挫折游戏

游戏是适合幼儿的活动，也是幼儿最喜欢的活动，可将一些在生活中可能遇到的挫折编成游戏，在游戏中可以让幼儿接受和掌握战胜挫折的方法。例如，家长可以和孩子进行角色游戏，在游戏过程家长可以有计划地安排孩子扮演人际冲突中被排斥的角色，让幼儿体会受到挫折的感受。在游戏中找出原因，寻找解决问题的方法。

2. 开展渗透教育

除了专门课程和游戏竞赛之外，还要把挫折教育渗透到幼儿园的各领域教学之中，要善于发掘、运用各领域中的挫折教育机会。

第二节 幼儿自信心的培养

著名心理学家阿德勒曾指出：有自卑感的幼儿做事往往缺乏积极性，不敢提出自己的见解，惧怕尝试新任务。这种心态像给幼儿套上了枷锁，使幼儿做事畏首畏尾。

小辉是一个特殊的孩子，他性格内向、孤僻，不爱交往。不敢在众人面前大胆表现自己。在游戏时总爱躲在别人的后面。面对困难时害怕、退缩，惧怕尝试新事物、新活动，包括未玩过的玩具、游戏。在活动总选择比较容易的项目，逃避有一定难度或挑战的活动，等等。

案例中的小辉正是这样：缺乏自信，认为自己不行，不敢大胆地表现自己，遇事常常害怕、退缩。

一、幼儿自信心的重要性

自信心是一个人对自身能力的正确认识和充分估计，是一个人克服困难、自强不息、取得成功的内在动力。只有当一个人相信自己有能力去迎接各项挑战时，他才有可能战胜它。一个人自信心强还是自卑感重都植根于儿童期。因为儿童期是自我概念形成的重要时期。“自我概念”是一个人对自己的认识和评价。儿童期是人的自尊心、自信心培养的关键时期，也是个性品质可塑性较强的时期。自信心强的儿童能积极主动参与各种活动，与他人交往，与同伴建立起良好的关系，能勇敢地面对困难、大胆尝试、奋力进取。

美国著名心理学家孟特曾对800名男性进行了30年的追踪研究。研究发现成就最大者与最小者之间，最明显的差别不是智力因素，而是自信心、进取心、坚持性等非智力因素。自信心总是与主动、独立、创新、勇敢、坚强、开朗、乐观等健康心理相联系，而缺乏自信心则常与被动、保守、依赖、怯懦、软弱、忧郁等消极心理相联系。缺乏自信心常常是性格软弱和事业不能成功的主要原因。自信心是儿童发展的推动力和调节器，因此，培养自信心是心理健康教育的主要目标和内容。

二、如何培养幼儿的自信心

（一）更新观念：以积极和发展的眼光关注幼儿

幼儿园教师或家长要及时了解幼儿学习与发展的基本规律和特点，树立正确的教育观念，形成对幼儿发展的合理期望，促进幼儿全面协调地发展。在日常生活中，教师或家长要用心关爱幼儿，尊重幼儿的身心发展特点，以积极和发展的眼光关注幼儿，相信幼儿是具有巨大发展潜能的，即使存在一些问题，也是“成长中的烦恼”，他们是需要“等待”和培养的。以爱的眼光关注幼儿，就会产生积极的期望效应。

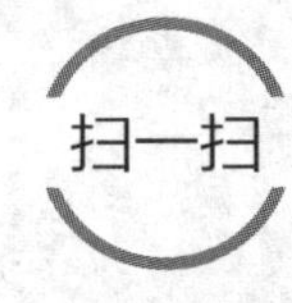

阅读《皮格马利翁效应》，思考该效应给我们的启示。

“皮格马利翁效应”告诉我们：教师或家长的期望以及因此采取的对待幼儿的方式，会对幼儿的心理形成一种影响。当教师对幼儿抱有期望时，会自觉或不自觉地将期望通过积极的态度、表情、言语或动作等方式传递给幼儿，幼儿因而受到鼓舞，自信心不断增强，朝着积极的方向发展。

（二）方法正确：积极的暗示，适时的肯定

1. 积极的暗示

由于幼儿的年龄小，没有社会经验，自我评价能力比较弱，往往将成人的评价作为认识自己的重要依据。可以说，幼儿是通过别人的评价来认识自己的。如果教师或家长经常以批评、惩罚、否定的态度对待幼儿，幼儿就会怀疑自己的能力，情绪低落，这种消极的自我情感反应一旦固定下来，有可能形成自卑的心理，进而产生退缩、逃避的行为反应。所以，我们需要经常给幼儿正面的、积极的暗示。

在离园时，妈妈来接晶晶离园，见到晶晶没有和老师再见，妈妈说：“这孩子比较内向，不爱说话，快和老师再见。”我赶忙接过话纠正说：“晶晶在班里是个懂礼貌、敢说话的孩子，今天还给老师讲了一个故事，对不对？晶晶，再见！”孩子的眼睛放着亮光，果然大声地说出了“老师，再见！”这正是正面的、积极的暗示的作用。

2. 适时的肯定

美国著名心理学家威廉·詹姆斯认为，人类本质中最殷切的需要是渴望被肯定。肯定作为一种教育手段，是建立在人心理需要和社会性特征基础之上的。增强人的自信心，应避免过多的批评与指责。例如，发明大王爱迪生上小学3 个月就被开除了，理由是智力低下，但是，爱迪生的母亲坚信自己的孩子不是傻瓜。经常对爱迪生说：“你肯定要比别人聪明，这一点我是坚信不疑的，所以你要坚持自己读书。”在母亲持续的鼓励下，爱迪生经过不懈的努力成为伟大的发明家。由此可见，适时的肯定对于人的行为有着积极的影响。

我在组织“系扣子比赛”过程中，点名让班上最内向的小明上台参与比赛。小明没有信心，说：“我不行。”我抓住时机对他进行肯定：“老师知道你能行，加油！”说完我还竖起大拇指，给他一个大大的肯定。小明看了看我，鼓起勇气，勇敢地走了上去，最终在比赛中证明了自己，取得了第三名的好成绩。从那以后，小明树立了充分的自信心，有了明显的进步，在平时的活动中也能够较快地融入集体中来。

研究表明，适度的肯定具有积极的功效，能够使幼儿产生喜悦感和成就感。教师或家长经常夸奖孩子“聪明”“懂事”“能干”，幼儿的自信心就会逐渐得到培养和增强，由于不担心失败，这些幼儿往往选择富有挑战性的活动。正因为得到了教师或家长适时的肯定，幼儿不但能培养学习兴趣，而且成就感也油然而生。其实，不在于学习本身具有多大的挑战性，而在于学习能否得到及时的肯定和认可，教师或家长恰如其分的表扬，一个微笑、一个点头、一句赞美的话语，甚至一个赞许的目光，都会犹如滴滴春雨滋润幼儿的心田，促进其自信心的培养。

（三）实践体验：创造机会培养幼儿的自信心

要在各种丰富的活动中让幼儿体验成功，培养幼儿的自信心。教师要有针对性地为幼儿提供获得成功的条件和机会，让幼儿在实践中积累成功的情感体验。如组织“我敢做、我会做、我能做”活动，全班幼儿互相交流，让每个幼儿向同伴介绍自己能干什么。内容可以包括学习、纪律等方面，活动前，教师应了解每个幼儿的特点，尤其是那些能力较弱或自信心不足的孩子，帮助他们进一步明确意识到自己也有长处，从而培养自信心。又如开展“小博士”活动。教师在户外活动时组织幼儿围坐在一起，请每个孩子轮流当“小博士”给其他幼儿出谜语或脑筋急转弯之类的题目，请大家解答，如没有答对时，最后请“小博士”告诉大家答案，此活动中所有的幼儿都有表现的机会，能使他们认识到自己的能力和长处，同时也因获得同伴的肯定和鼓励，而能进一步增强自信心。

要在突出优点、弱化缺点中增强幼儿的自信心。每个幼儿都是一个独立的个体，教师应该分析每个幼儿发展的特点，扬长避短，针对不同幼儿的独特性，因材施教。不要将幼儿进行横向比较，每个幼儿都有自己的发展速度和发展优势，教师要善于抓住每个幼儿的闪光点，引导他们看到自己的进步，从而树立起“我也行，我也很可爱”的观点，充满信心地面对自己，努力追求进步。

张小宇很调皮，但是表达能力非常强，我们就可以组织这类幼儿进行“小小广播员”活动，请他讲一讲自己的观点，表达自己的想法和意见，让他得到大家的尊重，增强自信心。

李小辉最大的特点就是爱劳动，我们请这样的幼儿当值日生，协助老师及保育员为小朋友服务，他认为得到了老师的重用，自己很开心，工作更有劲儿了，自信心也大大提高。

要在一点一滴的生活情境中帮助孩子树立自信心。自信心不是一朝一夕便能培养的。它是在日常生活中受到不断肯定的鼓励中慢慢养成的，特别是当幼儿遇到困难和挫折时，他们的心理是非常脆弱的，教师应及时调整好他们的心态，使他们有足够的勇气和坚定的信念，持之以恒，向确定的目标前进。

（四）增强实力：保持自信的资本

自信心往往与人和他的能力联系在一起的。经常的成功往往能增强人的自信，而失败会降低人的自信，从而变得自卑。所以，要帮助幼儿树立自信心，必须让幼儿经常有成功的体验，而要体验成功，必须增强其实力。

在日本小提琴家铃木镇一的教室里，来了一个刚满 3 岁的小男孩。他整天哭，不善于交往。在铃木先生的指导下，他开始学拉小提琴。经过半年的训练。他的演奏超过了其他的孩子。一技之长使他增强了自信心，他更努力拉小提琴，琴拉得越来越出色了。在生活中，他也变得活泼起来，时而还带点幽默。这就是一技之长给他带来自信的表现。

第三节 幼儿良好行为习惯的培养

幼儿期是培养幼儿良好行为习惯的关键时期。

一、幼儿良好行为习惯的重要性

“习惯形成性格，性格决定命运。”美国教育家约·凯恩斯的名言有力地说明习惯养成对人发展的重要性。良好的行为习惯会使幼儿终生受益。习惯是一个人存放在神经系统的资本，一个人养成好的习惯，一辈子都用不完它的利息；养成坏的习惯，一辈子都偿还不清它的债务。我国思想家陶行知认为凡人生所需之重要习惯、性格、态度多半可以在六岁以前培养成功，中国也有句“三岁定八十”的老话，揭示了培养良好行为习惯应尽早的必要性。

1978年，75位诺贝尔获奖者在巴黎聚会，有人问其中一位获奖者：你在哪所大学、哪所实验室里学到了你认为最重要的东西呢？出人意料，这位白发苍苍的学者回答说：是在幼儿园。在那里我学会了把自己的东西分一半给小伙伴们；不是自己的东西不要拿，东西要摆放整齐，饭前要洗手，午饭后要休息，做了错事要表示歉意；学习要多思考，要仔细观察大自然。这位学者的回答，代表了与会科学家的普遍看法，他们认为终身学到的最主要的东西，是幼儿园老师给他们培养的良好习惯。

阅读《培养幼儿良好行为习惯的内容》，了解幼儿良好行为习惯的具体内容。

二、如何培养幼儿的良好行为习惯

（一）科学引导

有些教师或者家长很想养成幼儿的良好行为习惯，但由于教育方法不当而事与愿违。例如，有的父母很想教育孩子孝敬老人，但由于爱子心切，吃的方面任孩子挑，钱任孩子花，结果导致孩子养成了以自我为中心、唯我独尊、自私任性、不孝敬长辈的坏习惯。因此，运用科学教育方法指导，对于幼儿良好行为习惯的培养有着非常重要的作用。

幼儿喜欢听有趣味的故事，充分利用故事，对幼儿进行行为习惯的培养可以产生较好的效果。如为教育幼儿爱惜粮食，教师向幼儿讲述了《大公鸡和漏嘴巴》

的故事，再组织幼儿讨论故事中的不同角色，启发幼儿爱惜粮食。在故事教育之后的进餐中，扔饭菜的行为明显减少。

（二）言传身教

幼儿的思想很单纯，对自己的启蒙教师很崇拜，经常效仿教师的言行举止。因此教师要严格要求自己，做幼儿的表率，用自己的良好行为习惯来影响幼儿、教育幼儿，这种力量往往起到潜移默化的作用。

教师看到书架旁掉了很多书，就对正在玩耍的小朋友们说："你们看，书本都掉在地上了，你们以后是想看干净的书呢还是不干净的书呀？"然后当着大家的面把书一本一本地捡起来放回书架里。此后有这种情况出现，小朋友们都很自觉地争着捡起书。类似的有扶起倒地的椅子，把地上的垃圾捡起来丢到垃圾桶里。

人们常说：孩子是父母的一面镜子，有什么样的父母，就会有什么样的孩子，父母的一言一行就在潜移默化地影响着孩子，随着年龄的增长，这种影响就逐渐发展成一种人生方式。孩子好模仿，思维具体形象，家长的良好行为习惯是孩子学习的直接范例，家长的行为无时无刻不在影响着孩子。如排队、让座、不随地吐痰等都是如此，要求孩子做到的，父母首先做到；要求孩子不做的，父母一定不能做。

（三）及时鼓励

幼儿辨别是非的能力较差，但他们对来自成人的表扬和鼓励是非常重视的，所以教师和家长应该利用幼儿的这种心理，及时地肯定幼儿的良好行为表现，特别是对能够自觉遵循常规的幼儿要及时表扬和鼓励，这样就可以使幼儿因获得的正面强化刺激而使正确的行为固化下来，从而逐渐养成良好的行为习惯。

为改掉有些幼儿不愿洗手的不良习惯，教师把已经养成洗手习惯的幼儿用照相机拍下来，然后在班级的小红花园地中展览。同时在具体的教育活动中向幼儿出示两张图片，一张图为脏的小手，一张图为干净的小手，然后组织幼儿讨论："你喜欢哪只小手？为什么？"在教师的引导下，幼儿能说出脏手上有细菌，吃到肚子里会生病的道理。在这个基础上教师又进一步引导幼儿学会洗手，当幼儿洗干净手后，教师及时在班级进行表扬，从而使幼儿逐渐养成饭前便后洗手的好习惯。

（四）家园合作

幼儿良好行为习惯的养成，离不开教师的引导，同样离不开家庭的熏陶。现在的孩子，大多数都是独生子女，是家中的小太阳，家长对孩子的照顾无微不至，最大限度地满足孩子的要求，结果使孩子养成了自我中心、依赖他人的坏习惯。幼儿在生理、心理上都在不断发展变化，其行为习惯尚未真正养成，处在可塑阶段，幼儿在园接受的行为模式，如果家长不配合，给予巩固、强化，很难让他们形成行为习惯。因此幼儿园的行为习惯教育离不开家庭的配合和补充。

幼儿园可以制订家园联系表、家园信箱，使家长了解科学育儿的知识，对家长提出一些具体要求，要求家长督促幼儿严格执行，积极鼓励有进步的幼儿，逐步养成良好的行为习惯。幼儿园定期召开家长会，组织家长围绕如何促使幼儿形成良好的行为习惯问题进行讨论，运用各种形式，使幼儿家长真正了解幼儿良好的行为习惯究竟有哪些内容，指导家长用科学的育儿方法，循序渐进，帮助幼儿逐步养成良好的行为习惯。

（五）强化、巩固

一个人的良好行为习惯并不是一下子就养成的，需要有一个从陌生到熟练，再由熟练到自动化的过程，要完成这一过程必须反复训练，逐步强化。有的幼儿在玩完玩具后，没有把玩具放回玩具柜的习惯，教师就要有意识地组织幼儿进行收拾玩具的练习，并多次重复训练，使幼儿养成自觉、及时地将玩具放回原位的好习惯。巩固是指定期对幼儿的行为常规进行检查和评比，使其能够在日常生活中养成良好的行为习惯。

（六）持之以恒

培养幼儿的良好行为习惯，需要时间，需要原则，更需要耐心和持之以恒。时松时紧的迁就结果只能是推波助澜，对幼儿良好习惯的养成百害而无一利。在幼儿园日常的行为习惯教育中，教师也要持之以恒，对幼儿及时进行提醒、引导，使之养成良好的行为习惯。

总之，培养幼儿的良好行为习惯是一件任重而道远的事情，是一个循序渐进的过程，是不能一蹴而就的，必须贯彻落实在幼儿一日生活的各个环节。

第四节 幼儿积极情绪的培养

情绪是一个人对所接触到的世界和人的态度以及相应的行为反应。人的情绪生活是丰富多彩的，每个人总免不了体验快乐、激动、悲伤、恐惧、愤怒、害怕、担心等情绪。

一、积极情绪是幼儿健康成长的基础

对于幼儿来说，情绪体验更是无处不在的，正如发展心理学家认为的：幼儿的世界就是一个情绪的世界。喜悦、愉快的情绪能明显促进幼儿身体的健康成长。反之，恐惧、悲伤等情绪会危害其身体健康。情绪为什么会影响人的健康?心理学家对情绪和消化功能的关系进行实验，证明人在进餐时情绪愉快，能使胃液分泌增多，食欲增强。相反，进餐时恐惧不安，会抑制胃液分泌，而使人不思进食。[①] 上面实验案例的对象虽然不是儿童，但其道理是相同的。幼儿积极的情绪能促进其智力发展。近年来，我国在培养幼儿智力的同时，往往忽视培养幼儿积极的情绪。幼儿积极的情绪有利于其养成良好的行为习惯，幼儿期是各种良好行为习惯的塑造时期。情绪经常处在良好状态的幼儿，对成人的各种指示一般都乐于接受，这样就有利于幼儿的健康成长。

二、如何培养幼儿的积极情绪

（一）以自身积极的情绪感染幼儿

幼儿年龄小、情绪不稳定，且模仿性、受暗示性强。教师的一言一行，一举一动，对幼儿都有影响。因此，教师保持健康积极的情绪，将对幼儿积极情绪的培养起着潜移默化的作用。如果教师精神状态不佳，没有积极愉快的热情投入到活动中，幼儿也会提不起精神，注意力容易分散，活动的效果也不会理想。因此，教师要调整好自己的情绪，用自己的微笑、拥抱等积极情绪影响、感染幼儿，使幼儿保持积极的情绪。

同样，家长也要做好榜样，经常保持良好的情绪状态。不要把工作中的烦恼带回家，更不要把幼儿作为“出气筒”和“替罪羊”，遇事要以积极的态度去解决。

---

① 崔东红，王丽萍.情绪对健康的影响及其生理机制[J].新疆大学学报,1997(5):90-93.

有些家长自己高兴时对孩子百依百顺，不高兴时对孩子或不理不睬，或恐吓打骂，这种反复无常的态度，对培养幼儿良好的情绪是极为不利的。所以，家长要经常以愉快、喜悦的情绪去感染孩子，孩子受到感染，才会产生积极愉快的情绪。

（二）创设轻松、愉快的环境与氛围

良好的生活环境，无压抑感、充满激励的氛围，可以使幼儿感到安全和愉快。为此，我们应尽可能地为幼儿创造良好的生活环境，合理安排好幼儿的一日生活，使幼儿在生活中处处感受到轻松和愉快。如经常与幼儿一起唱歌、跳舞、玩游戏，吃饭、睡觉前让幼儿听优美的音乐和故事等。

（三）通过丰富多彩的活动，促进幼儿积极情绪的培养

1. 开展游戏活动

游戏是幼儿最喜爱的活动。在游戏中幼儿可以自由地宣泄自己的情绪，从而获得心理上的满足，产生积极愉快的情绪。如，绘画、玩泥、玩水、玩沙、唱歌、跳舞等都可以使幼儿充分表达自己不同的情绪、情感，使幼儿感到轻松愉快。由于幼儿年龄小，可以通过游戏使幼儿从这些不愉快的情绪中解脱出来，有利于幼儿积极情绪的发展。

2. 开展主题系列活动

如今，大部分幼儿缺少与他人分享快乐的体验，比较任性、爱发脾气、缺乏自信和独立性，在交往和学习中容易产生不良的情绪。为了培养幼儿积极的情绪，可以开展“我能行”“赶走小烦恼”“情绪变变变”等主题活动。在相关的情境中体验中，幼儿将排除烦恼，获得愉快情绪的体验。

3. 在日常生活中教育

成人应在日常生活中注意观察幼儿的动作与表情，倾听幼儿的声音，及时发现幼儿的情绪变化，对幼儿进行引导与帮助，使幼儿能够保持积极的情绪。

一位老师发现班上的一位小朋友总不愿意上幼儿园，即使来到了幼儿园情绪也不稳定。特别是到了吃饭的时间，他更是没精打采，一副很苦恼的样子。如果你是这位老师，你会怎么做？

（四）引导幼儿完成力所能及的任务

不要让幼儿仅仅在满足吃、穿需要时才产生愉快、喜悦情绪，应同时让幼儿在完成学习、劳动任务中，或在游戏活动中体验到“成功”的快乐，尤其对于年龄较大的幼儿，更要注意这一点。让幼儿在家里帮父母做简单的家务劳动，孩子

的生活得到充实，在完成各种任务的过程中会感到满足和愉快。

（五）要注意防止幼儿产生恐惧、愤怒和紧张等消极情绪

1. 注意防止产生恐惧情绪

幼儿的恐惧情绪，往往是由客观环境和成人不正确的对待造成的。当孩子不听话时，有些家长经常用“叫医生给你屁股上打上一针”“警察把你抓去”“拉你到派出所关起来”等吓唬幼儿。防止和消除幼儿恐惧情绪的正确做法如下。（1）防止给幼儿突如其来的刺激(如巨响、身体的刺痛等)。对于不可避免的雷声等应事前提醒幼儿，让其有思想准备，成人也应做出镇静、不惧怕的样子。（2）防止给幼儿精神威胁，如把他们关到暗处，或讲些易引起他们害怕的故事，或用幼儿惧怕的东西吓唬他们。如，对于害怕暗处的幼儿，成人应设法陪同或引导他们在暗处的空间里活动，让幼儿逐渐了解暗处除了缺少亮光之外，并无可怕的事物。（3）不打骂幼儿，尤其不能用突然袭击的残酷手段打孩子。

2. 防止产生愤怒情绪

正确做法如下。（1）家长要以身作则，经常以愉快的心情、柔和婉转的言谈和表情影响幼儿是最为重要的。（2）成人平时不应迁就孩子的无理要求，并帮助他们养成良好的待人接物的习惯。无理取闹减少了，愤怒情绪的产生也会随之减少。（3）成人不要转移给孩子不满、不悦的情绪，避免形成愤怒情绪。

3. 防止产生紧张情绪

紧张情绪往往与惧怕情绪相联系。不过有些紧张情绪持续的时间较长，表现为经常性的焦虑不安。如，幼儿经常想到父母、教师的斥责而心绪不宁，甚至游戏中也会惴惴不安。这种情况如果严重而持久，就会发展为精神失常。怎样防止和消除这种情绪？（1）家长不应对幼儿施加压力。成人不适当的持续压力往往容易引起幼儿情绪紧张。（2）吸引幼儿去完成他能完成的任务，使其体验成功的喜悦，解脱紧张的心理。（3）对于已经出现情绪紧张的幼儿，成人要及时加以抚慰，或将他们的注意力引向其他方面。

第五节 幼儿自制力的培养

自制力也叫自控能力，是控制和支配自己的行为和意志的品质，包括善于促使自己去做应该做的、正确的事情，善于抑制自己不正确的行为，抑制自己消极的情绪和冲动。

一、幼儿自制力的重要性

在超市货架前，一个四岁左右的小女孩又哭又闹地缠着爸爸买巧克力，后来干脆赖在地上打滚，引来众人侧目。爸爸颇为难堪："不是说好不买糖了吗？……好啦好啦，别哭了，给你买给你买，行吗？"小女孩终于破涕为笑。

点评：许多家长或许都知道面对孩子的无理要求要坚持自己的立场，但是看到孩子哭得伤心，又觉得买点零食也负担得起，何况让孩子在公共场合吵闹也不好……家长的无奈可以理解，做法也的确能让孩子的情绪很快得到安抚，但是，没有原则的妥协只会让孩子越来越任性，同时错失了教导孩子培养自制力的良机。从另一角度看，家长在教育问题上不能坚持原则，也是缺乏自制力的表现。

自制力不能理解为消极的自我约束，它是一种内在的心理功能，使人自觉地进行自我调控，积极地支配自身，排除干扰，使主观恰当地协调客观，并采取合理的行为方式去追求良好的行为效果。

在幼儿园活动中，有的孩子看见别人的东西就想据为己有，去争抢；有的孩子明知道打人不好，却总爱对其他小朋友动手动脚；有的孩子尽管知道上课不可以讲话，但仍要喋喋不休……这些行为都是幼儿缺乏自制力的表现。

人的情感、欲望和兴趣这些非智力因素具有自发性。情感如不经过自控机制的加工处理，任性而动，人就会出现一种非理性的行为。自制力具有一种特殊的功能，它能调动其他非智力因素的积极方面，消解它们的消极方面，使一个人按着理性的要求去行动，从而克服各种放任、散漫、无恒心、无决心的毛病。因此，我们也可以说自制力在这个非智力因素的动力系统中，起着一种枢纽的作用，从一定意义上，可以说它是这个动力系统的调节器和保险阀。自制力能够保证人的活动经常处于良性运行的轨道上，从而可以积极、持久、稳定、有序地实现一个又一个的目标。

相比智商，自制力更是一个人在学业工作、婚姻家庭以及人际交往中必不可少的因素。而自制力的培养也应该从幼儿期抓起，因为幼儿期形成的自制力对其一生都有影响。

阅读《软糖试验》，了解自制力对成就的影响。

自制力在人生之路上至关重要，人如果没有自制力，就像一辆刹车失灵的汽车，失去控制，后果不堪设想。当今的幼儿绝大多数为独生子女，自制力普遍较差。培养幼儿的自制力应引起我们的重视。

二、如何培养幼儿的自制力

（一）社会认知提示法

“社会认知提示法”是指在社会性认识(如人际关系、行为规范、道德法律等)方面给幼儿提示和教育，使幼儿能够时刻想到他应该遵守的社会规范或行为准则。运用“社会认知提示法”最好“提示在先，奖评在后”，如果幼儿做得好，可以给予精神或物质上的奖励；做得不好，要对其进行分析和批评，对于稍大的幼儿还可给予适当的惩罚。“如果在超市里哭闹，爸爸将立刻带你离开超市。”千万不要因为孩子哭闹撒娇，就举手投降。

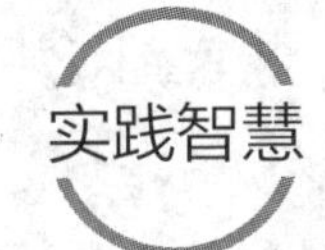

孩子临睡前哭着要吃糖，怎么办?

不妨按以下三步试一试。

1. 表达对孩子情绪和愿望的理解：“宝宝不高兴了，希望现在能吃糖。”
2. 解释不能做的原因：“但是你马上就要睡觉了，睡觉前吃糖容易形成蛀牙。”
3. 说明可满足的合理要求：“先好好睡一觉，明天早上起来就可以吃糖了。”

回过头看看开篇案例中，家长应该怎么做？顶住众人围观的压力，蹲下来耐心地跟孩子说：“爸爸看出你很想要巧克力，没有它你不开心，不过家里确实已经有很多了。”如果孩子继续哭闹，应镇定地将孩子带离超市。总之，向孩子传达这样的态度：爸爸很爱你，也能够理解你此刻的心情，但是要遵守规则。当孩子学会了控制自己的冲动，做事情会更有耐心和毅力，有能力去面对人生成长之路上的各种挑战，未来才能快乐而成功。

（二）游戏训练法

游戏是幼儿喜欢的活动。而游戏本身具有一定的规则性，经常开展游戏，可以使幼儿不断得到抗诱惑锻炼的机会，自制力得到明显的提高。

加拿大英属哥伦比亚大学心理学教授戴蒙德认为，如果儿童经常出现抢夺别人玩具的冲动性行为，就属于自控力缺乏。这类问题通常在进行有针对性的训练后即可避免，而某些游戏就是不错的训练方式，比如“西蒙说”游戏。

首先，用“石头、剪子、布”的方法选出一人扮演西蒙；然后，“西蒙”给其他人下命令；当他说“西蒙说，摸摸膝盖”时，小朋友们就必须照指令摸膝盖；当他只说“摸摸膝盖”，而没说“西蒙说”时，就不能照做，做错的淘汰出局。最后的得胜者可以扮演下一轮游戏的“西蒙”。

（三）日常生活中训练的方法

在日常生活中对幼儿要有明确的要求，例如，要求幼儿饭前便后要洗手，吃饭时不撒饭粒，等全家人员到齐后再用餐等。这些都能潜移默化地帮助幼儿更加自制。

宝宝走路摔倒了，一直哭，如何对待？

两种处理方式：1.“地板真坏，把宝宝绊倒，打它打它！”2. 宝宝自己爬起来，真勇敢！

讨论：两种对待方式各会起到什么作用？

（四）创设情境，进行抗诱惑训练

方法1　幼儿弹琴前，家长对他说：“今天，我买了一本你特别喜欢看的《米老鼠》，你弹完琴，才能看。”待幼儿弹琴时，家长拿出书，故意放在钢琴上。

方法2　有客人来访，家长将幼儿喜欢吃的糖果、洗净的水果等摆在餐桌上，告诉幼儿：“现在不能吃，等客人来了才能吃。”如果幼儿做到自制时，应给予表扬或让他得到满足。

（五）为幼儿树立榜样

幼儿喜欢模仿榜样的行为。榜样的替代性学习可对他的行为产生影响。如榜样的行为受到赞扬，幼儿就会学习该行为；反之，则拒绝。处在幼儿期的孩子可塑性是很强的。他们善于模仿、易受感染，因此，可以充分利用文学艺术作品及现实生活中的榜样去影响孩子，引导他们学习他人并严格要求自己。

第六节　幼儿合作能力的培养

在幼儿园里常常有这样的幼儿，胆怯、沉默、安静、不合群，自己孤单地坐着，不与其他幼儿交往。而在家里确是另一个样子：活泼可爱、能言善辩。是什么让他有如此大的区别？原因之一就是不会与人交往与合作。还有一些幼儿在游戏过程中发生矛盾时常以告状或攻击性行为来解决，遇到困难往往求助于教师而不知从同伴那里寻求帮助，其原因主要也是不会分工协商和交流，缺乏合作的意识和能力。合作是指两个或两个以上的个体为了实现共同目标（共同利益）而自愿地结合在一起，通过相互之间的配合和协调（包括言语和行为）而实现共同目标（共同利益），最终个人利益也获得满足的一种社会交往活动。对于幼儿来说，在游戏、学习、生活中，能主动配合、分工合作，协商解决问题，协调关系，从而确保活动顺利进行，同时每个人都能从相互配合中实现目标，这就是合作。

一、学会合作是21世纪人才的基本素质

合作作为一种亲社会行为，是个体社会化的重要表现。心理学调查研究发现，3岁以前的幼儿尚未形成真正的亲社会行为，就算出现了他把东西给他人的行为，也并非出自内部动机，而是一种尊重成人权威的他律行为。3岁以后的幼儿开始出现亲社会行为，但由于受“自我中心化”思维定势的影响，有可能5~6岁幼儿的亲社会行为表现仍然较差。[①] 幼儿的合作表现主要体现在愿意独立思考，尊重、关心、接纳、帮助与支持他人，会协商解决问题，有责任感，能积极参与团体活动，愿意为集体多做贡献等。

合作是幼儿未来发展、适应社会、立足社会不可或缺的重要素质。21世纪教育委员会向联合国教育科学及文化组织提交的报告《教育——财富蕴藏其中》提出了21世纪教育的四大目标（亦称为教育的四大支柱）：学会认知、学会做事、学会共同生活、学会生存。其中的“学会共同生活”(learning to live together)，即培养在人类活动中的参与和合作精神。幼儿教育是培养21世纪人才的早期奠基工程，他们的适应性、合作能力、责任感、独立性等心理素质直接关系到未来人才的基本质量问题。人的合作能力应从幼儿时期开始培养。但是，从幼儿教育的现状来看，由于我国独生子女占据大量的比例，独生子女家庭结构的特殊性容易造成幼儿独立性较差、社会适应能力较弱、不合群、自我中心、缺乏责任感等性格弱点。进入幼儿园后的集体生活对纠正幼儿的缺点具有重要作用。但是幼儿

① 马彦春.谈幼儿亲社会行为的培养[J].山东教育科研,2000(7):62.

的合作态度、合作能力和与他人共同生活的技能不是与生俱来的，它需要教师的不断点拨、引导和培养，这就要求教师树立现代教育意识，在组织教育教学活动中，在幼儿的一日生活中，营造一定的物质和心理环境，并有意识、有计划地调节、促进幼儿间的合作，鼓励互助、轮流和分享，使幼儿学会站在他人的角度理解他人，尊重多元性，学会与他人一起生活。

合作能力是幼儿将来进入社会应具备的基本技能，也是促进幼儿社会化的一个基本途径。从小加强幼儿群体性与社会性的教育，培养他们主动交往、协同合作的团体意识和与人沟通、和睦相处、共同生活的社会能力，是时代发展的必然要求。因此，从小培养幼儿的合作意识和能力是十分重要的。

二、如何培养幼儿的合作意识和能力

（一）为幼儿树立合作的榜样

教师在幼儿心目中有很高的威信，教师的言行潜移默化地影响着幼儿。教师之间是否能分工合作、互相配合，会对幼儿产生直接的影响。如，美术活动时，一位教师组织教学，一位教师随时为幼儿提供美术活动材料，这在无形中都为幼儿提供了积极的榜样。相反，教师间的某些不合作行为会对幼儿产生消极的影响。因此，教师要注意自身的行为，为幼儿树立正面的榜样。教师对有合作行为的幼儿应进行积极评价和鼓励，激发其他幼儿向他们学习的动机；同时，在合作游戏时，幼儿经常通过观察，模仿学习其他幼儿的合作行为。因此，教师有意识地引导善于合作的幼儿与合作能力弱的幼儿一起游戏，也不失为一种树立榜样的好方法。

（二）为幼儿创造合作的情境和机会

幼儿之间的交往首先开始于共同的游戏和活动，幼儿正是在说笑打闹中互相熟悉，获得交往经验的。幼儿交往技能的提高需要成人的指导；幼儿与同伴，特别是同龄人的交往，对于幼儿掌握社会交往的本领具有至关重要的意义。教师要积极创造温馨和谐的活动环境，并充分提供幼儿与同伴自由交往的机会，不仅重视在课堂上培养幼儿的合作精神，还注意在日常生活、游戏活动中渗透合作学习思想。有意识地安排情境游戏，让幼儿在特定的环境中去体验合作与协商，能使幼儿获得成功的喜悦；在交往中学会通过协商解决冲突，懂得要完成小组的共同目标，必须相互依赖、相互讨论、相互帮助、相互鼓励。

（三）为幼儿提供合作的方法

其实，幼儿都有萌芽式的合作意识，但他们不会在需要合作的情境中自发地表现出合作行为，还需要教师教给幼儿合作的方法，指导幼儿怎样进行合作。

践智慧

搭积木或买东西游戏前，应大家一起商量，分工合作；遇到矛盾时，要协商解决问题；当玩具或游戏材料不够用时，可轮流或共同使用；当同伴遇到困难时，要主动用动作、语言去帮助他；当自己遇到困难、一人无法解决时，可以主动找小朋友们协助；等等。可通过这些具体的合作情境的指导，帮助幼儿逐渐懂得合作的方法与策略，在合作中学会合作。

幼儿之间的合作常常会带来积极愉快的结果：活动成功，事情做成，增进友谊。这对幼儿巩固、强化合作行为进而产生更多的合作行为是极为重要的。但幼儿自己常常不能明显感觉到，因此，教师看到幼儿能与同伴一同友好配合地玩耍，或协商，或询问，或建议，或共享，或给予帮助，或求助时，应注意引导幼儿感受合作的成果，体验合作的益处，激发幼儿进一步合作的内在动机，使合作行为更加稳定、自觉。尤其是比较这次合作的成功与上次不合作或不能很好合作的失败，更能使幼儿体会到合作的快乐与必要。

（四）强化幼儿良好的合作行为

幼儿之间的合作可能随时随地都会发生，教师要善于捕捉能让幼儿合作的机会。如幼儿看图书时可引导幼儿合作看，户外体锻的时候鼓励幼儿合作活动等。当幼儿做出合作行为，能较好地与同伴一同合作学习或游戏时，教师要及时地给予肯定、鼓励，如“你们俩配合得真好！”“你们能商量着、合作着活动，真棒！”对于不太会合作或缺乏合作意识的幼儿，教师要给予适时的引导与指导，针对不同情况，给予不同的建议，如：“你如果跟他商量着玩呢？”“你们都想当幼儿园的老师，没人做小朋友，怎么办？”“你跟他说，咱俩一起玩，去试试看。”“谁先做好了可以去帮帮其他小朋友。”等等。在教师赞许的目光、肯定的语言、微笑的面容等积极性暗示中，幼儿都会乐意尝试合作，因而进一步强化合作的动机。

对于那些性格内向、对自己缺乏信心，与人合作有一定困难的幼儿，我们要注意个别引导、多给他们关爱和鼓励，我们要创造一个接纳与关爱的气氛，尽力缩短双方的距离，减轻幼儿的戒备心理，如主动向他们问早问好，牵手与他们一起游戏，帮助他们找朋友等。这样能使幼儿放松情绪，消除怕合作、怕交往的心理障碍。教师要在一日活动中耐心持久地加以引导，逐步促进增强幼儿合作意识。在教师积极的鼓励下，幼儿合作意识与能力也会逐步而有效地得到培养。

第七节 幼儿人际交往能力的培养

哈佛大学心理学家加德纳认为，人际交往是一种基本智能，指能够察觉并区分他人的情绪、意图、动机和感觉，并运用语言、动作、手势、表情、眼神等方式与他人交流信息、沟通情感的能力。2~6岁是人际交往智能成长的关键时期。21世纪教育委员会提出，人际交往能力是教育的四个支柱之一，幼儿早期的人际交往技能、交往状况会深深影响其未来的人际关系、自尊，甚至幸福生活。

一、幼儿人际交往能力的重要性

东海哭了，我走过去问他，他只是一个劲儿地擦眼泪，不愿意告诉我是什么原因。东海性格比较内向、胆小，在园跟同伴之间的交流比较少，更不会主动跟老师交流。

琪琪把昨天妈妈买给她的“喜羊羊”带来幼儿园了。早餐后，晓艺走过来，抢琪琪手里的“喜羊羊”。琪琪和晓艺扭成一团，直至老师走过来拉开才罢手。

像东海那样内向、不善交往和像琪琪与晓艺那样不懂交往的幼儿并不少。交往是人们运用语言或非语言符号交换意见、传达思想、表达情感和需要等的交流过程。幼儿与同伴交往是社会性发展的重要组成部分，对幼儿的心理发展具有重要作用。

心理学家们普遍认为，人际关系代表着人的心理适应水平，是心理健康的一个重要标志，而人际交往不良常常是心理疾病的主要原因。缺少正常人际交往的孩子，往往会表现出如下适应困难：拘谨胆小、害羞怕生、孤僻退缩、自我中心、不能合作、任性攻击。而人际交往中的尊重、分享、合作、关心则是预防和治疗这类心理问题的有效策略。由此可见，从小培养幼儿的人际交往能力和水平，对促进其心理健康发展、预防各种心理疾病有着积极而重要的意义。

幼儿的人际交往能力是幼儿社会性发展的重要内容。幼儿只有在与同伴、成人的友好交往中，才能学会在平等的基础上协调各种关系，才能正确地认识和评价自己，形成积极的情感，为将来正常进入社会、更好地适应未来生活打下基础。

“交往是人类必然的伴侣”，人的一生中大部分的实践是在与别人的交往中度过的。随着社会的发展，信息化、多元化、开放化的社会格局日益突出，幼儿教育不仅仅是教给幼儿一些基本知识和生活常识，养成良好的学习和生活习惯，而且还要培养幼儿的人际交往能力，这样有利于幼儿更好地认识社会，认识人与人、人与社会之间的关系，这对促进幼儿良好意志品质以及人格的发展有着极为重要的作用。

二、如何培养幼儿的人际交往能力

（一）树立正确的儿童观，创设宽松和谐的交往环境

教师和家长应努力为幼儿营造宽松、支持性的环境。宽松、支持性的环境是教师与幼儿交往的前提。教师在幼儿心目中占有重要地位，教师对幼儿的态度和行为，直接影响幼儿人际交往能力的发展。因此，教师要努力建立平等、民主、尊重、自由、合作、和谐的伙伴型师生关系，营造安全、轻松、愉快的氛围，让幼儿放松心情，愿与教师亲近。对性格活泼、开朗、交往能力强的幼儿要给予充分的赞扬和肯定，促进他们进一步地发展；对待内向、胆小、交往能力较弱的幼儿要理解和鼓励，以亲切的语言与和蔼的态度激发他们参与活动的欲望，积极了解他们心理上的需要，帮助他们克服对交往的畏惧，营造一种友好和谐的氛围。教师的一个点头，一声赞许，一个微笑，都能给幼儿带来亲切、温暖和快乐的感觉，对幼儿人际交往能力的培养与发展有非常积极的作用。

在家庭中更应创设一种平等、和谐的交往氛围，要让孩子敢说话、爱说话，家长不能摆出一副严厉的面孔训斥孩子或流露出瞧不起孩子的神情。家庭中的大事，孩子可以理解的，应当让孩子知道，适当地让孩子参与成人的某些讨论，有利于树立孩子的自信心。家庭中涉及孩子的问题，更应想到孩子，听听他的意见，家长不要一味地说了算。家长应多鼓励孩子做尝试，从中增强交往能力。

家里来了客人，可以让孩子做自我介绍，适当参与一些交谈；带领孩子到新环境中，让他慢慢适应，主动探索，将自己的内心感受表述给要好的朋友听。家长还应适当地带孩子进入自己的社交圈，让孩子观察成人间的交往，让孩子在交往中学会交往。

（二）开展丰富多彩的活动，为幼儿交往创造更多的机会

幼儿入园后接触最为频繁的对象是他们的同龄伙伴，教师必须有目的、有计划地开展丰富多彩的活动，创设幼儿交往的客观环境，为幼儿提供充分交往的机会，以利于幼儿间建立良好的同伴关系。

1. 通过游戏活动培养幼儿交往的兴趣

游戏是同伴交往的主要形式。在游戏中，幼儿以愉快的心情，兴趣盎然地再现着现实生活，对教师的启发很容易接受。

教师在带幼儿参观医院、超市、菜市场后，在活动室设立“娃娃家”、医院、

菜市场等区域，扩大幼儿的活动空间，通过师生的互动，在活动中扮演不同角色，逐步让幼儿了解和掌握社会行为规范，学习不同角色间的交往方式，如“娃娃”与“长辈”的交往、“医生”与“病人”的交往、“营业员”与“顾客”的交往等，孩子们在你来我往中保持愉快的情绪，提高交往的兴趣。

此外，幼儿在游戏中通过扮演各种角色，逐步理解角色的义务、职责，从中了解到社会交往的行为准则和方式、方法，进而培养同情心、责任感，逐步养成互相帮助的良好品德。例如，“公共汽车”的售票员会把“娃娃家”中的“爷爷”“奶奶”扶下车，超市里“营业员”会主动说出“请、谢谢、再见”等礼貌用语。

在活动中，教师也可以创设幼儿与不同年龄伙伴交往的机会，可以让他们结成游戏群体。不同年龄的交往伙伴对幼儿的发展有着不同的作用，与年龄大一点的孩子交往，幼儿可获得更多的知识和保护；与年龄小的孩子交往，他们就成了“带头人”，从而感受到别人需要自己和自己照顾别人的幸福。对于年龄小的幼儿来说，他们有一个可以模仿的榜样，可以体会到自己与哥哥、姐姐交往时的角色意识，学会与他们交往的技巧。这样可以让幼儿体验同伴之间友好相处、互帮互助的快乐，并使幼儿在不同的交往情境中，发展与不同对象进行交往的能力。

2. 通过教育活动发展幼儿的交往能力

教师在各领域的教学中，应有意识地结合平时在幼儿交往中发现的问题，有针对性地开展教育活动。在活动中，教师可以通过讲故事、角色扮演等形式，创设同伴交往的情境，让幼儿思考如何解决故事或游戏活动中的社会交往问题，使他们认识到哪些行为是恰当的，哪些行为是不恰当的。仅仅告诉幼儿“正确地做”是不够的，还要告诉幼儿“如何正确地做”。比如，根据某些孩子想独占玩具而与同伴争吵、打架的现象，教师可编一个故事——“大家都想玩的玩具坏了”，先让幼儿听故事、扮演故事中的角色，然后组织幼儿讨论：玩具坏了，怎么办？抢坏了玩具大家的心情会怎么样？想玩的玩具只有一件，但大家都想玩，怎么办？应该怎样与人协商？教师也可以有意识地请经常争抢玩具的幼儿扮演故事中的角色，在特定的情境中去辨认、体验、理解、感受他人的情感。通过角色扮演，让幼儿懂得好的玩具要大家一起玩、轮流玩，共同游戏时要遵守规则。

3. 在幼儿园日常生活中促成幼儿的交往行为

在幼儿园日常生活中，教师要注意观察和引导幼儿人际交往中的良好行为，树立榜样，同时鼓励幼儿多交朋友。教师要鼓励幼儿把自己的玩具分给别人一起玩，不要限制幼儿的分享行为。当发现幼儿能很好地与人交往时，教师要及时地表扬鼓励。当出现矛盾时，让孩子们共同讨论，解决问题。教师不要干涉，只是给他们提一点建议，引导孩子们观察别人，体验别人的情感，引导他们自己解决问题，减少对成人的依赖。

（三）加强对幼儿的移情训练，教给幼儿一些必要的交往技巧

社会交往技巧是指在与人交往和参加社会活动时表现的行为技能，如分享、合作、谦让、助人、安慰等。幼儿的交往较多地带有“自我中心”倾向，成人要交给幼儿交往的技巧，帮助幼儿从“自我中心”中解脱出来，体验关心与被关心的快乐。另外，幼儿有与人交往的愿望，但往往由于交往方式不当，使交往无法继续，甚至出现打架等不良行为，因此让幼儿学会与人交往的技巧很重要。

1. 进行移情训练

让幼儿学会与人和谐相处、与人合作，很重要的一点是要让幼儿学会观察、体验、理解别人的情绪、情感，这就是移情。移情对于培养幼儿的社会交往及与群体和谐相处的能力具有重要的意义。幼儿的情感认识是直观的，他们与人交往顺利与否，从对方的情绪上马上可以体会到。移情要求幼儿去观察对方的情绪、情感，继而产生共鸣，从而激发和促进幼儿良好社会行为的发展，并能抑制攻击性行为。教师要为幼儿创设特定的移情训练环境，使他们多动脑筋、多想办法，使与人和谐相处成为幼儿一种内在的自觉需要，从而从被动接受成人的要求到主动去感觉别人的情绪，并由情感的转化带来积极的行动变化。对幼儿进行移情训练，可分为三步：（1）表情识别。让幼儿根据不同的脸谱表情，联系自己的生活经验，识别各脸谱不同的情绪状态，培养幼儿对各种情感的认知表达能力和辨别他人情绪状态的能力。（2）移情能力的培养。通过故事系列活动，为幼儿提供移情的线索，形象地呈现感情信息，使幼儿产生积极正确的内心体验和亲社会行为。（3）共享感受。通过玩具，强化幼儿已形成的情感体验，培养幼儿的交往能力。

2. 教给幼儿与同伴交往的方法

在活动中，教师可以组织幼儿讨论“怎样和同伴合作玩？”“别人想玩你的玩具时你应该怎么办？”“你想玩别人的玩具时应该怎么说？”“你拿到同伴的玩具时该怎么说？”等话题，让幼儿说一说自己的想法，从而明白与同伴之间友好相处的方法。如爱护玩具，不抢夺、捣乱等，让幼儿交流各种方法，体验交往的乐趣。在幼儿出现矛盾和冲突时，教师也不应该强行制止，要引导幼儿自己解决问题，学会通过协商合作来维持同伴关系，缓解矛盾冲突。皮亚杰认为，幼儿间的矛盾和冲突也是幼儿学习交往的一个极好的途径。

（四）积极争取家长的配合，保持家、园教育的一致性

教育家苏霍姆林斯基认为，没有家庭教育的学校教育和没有学校教育的家庭教育，都不可能完成培养人这一个极其细致而复杂的任务。交往能力的培养是一个长时间的连续的过程，家长和教师只有一致要求，共同培养幼儿良好的交往行

为，才能取得好的效果。为了协调家、园教育，可以通过各种渠道进行家、园联系。比如，定期召开家长会，举办“家长开放日”活动或者是通过“家、园教育信息栏”，有目的、有计划地向家长介绍有关幼儿交往能力培养的信息。通过各种方法做好家长的工作，帮助家长认识到培养幼儿交往习惯与交往能力的重要性。

模仿是幼儿社会学习的重要方式，教师和家长的言行举止直接、间接地影响幼儿。因此成人要注意自己的言行，以身作则，为幼儿树立一个良好的榜样。如幼儿的同伴到家里玩，家长要热情接待，要留给孩子们单独在一起的时间；等小客人走时，要客气送别，欢迎下次再来。这样做实际上是给幼儿树立榜样，使孩子在潜移默化中受到教育，形成良好的行为习惯。

第八节 幼儿分享意识的培养

分享是指将自己喜爱的物品、美好的情感体验及劳动成果与他人共享的倾向，分享行为是一种亲社会行为，它是幼儿个体亲近群体、克服自我中心，关爱同伴、获取快乐的一种较高层次的行为。幼儿是否具有分享意识，反映出他是否有体察和关心别人的思想和感情，是否具有同情心，是否乐于帮助别人，是否能够顺利协作。所以，分享意识的培养很长时间以来被认为是幼儿品德教育的一项重要内容。

一、分享行为是一种亲社会行为

案例中的姗姗是独生子女，家人对她都非常娇惯，养成了她以自我为中心的心理，不懂得与他人分享。

姗姗从家里带来了很多卡通小贴画，这让很多小朋友都羡慕地围了过去。楠楠：“给我一张，好不好？”姗姗噘起了嘴：“不行。”

布朗纳等人认为，幼儿的自我中心会妨碍合作行为的出现。由此可以看出，善于分享、懂得替别人考虑的幼儿能够很好地与别人合作。而分享意识淡薄的幼儿则缺少与别人合作的意识，缺乏合作的能力。在现代教育中，幼儿的合作学习、同伴互助学习等都是其重要的学习形式。那些缺少分享意识的幼儿，他们的发展可能因此受到种种束缚与限制。分享意识淡薄的幼儿，长时间一个人摆弄玩具或其他物品，也不与人分享自己的情绪体验，这样的幼儿因为不与人交流合作，常被同伴忽视或拒绝，因此长期生活在压抑、封闭的环境中，很容易出现心理问题。①

分享行为对幼儿发展具有积极的意义。分享影响幼儿合作意识与能力的发展。分享行为的形成不仅能减少幼儿的自我中心行为，帮助幼儿建立良好的伙伴关系，促进幼儿社会化，而且有利于幼儿健全人格的发展和形成，有利于幼儿个体品德的发展。

二、如何培养幼儿的分享意识

（一）发挥榜样的作用

有研究发现，当幼儿观察慈善或助人的榜样时，他们一般会有更多的亲社会行为。如果这个榜样是幼儿认识和尊敬的，并和这个榜样建立了温和、友好的关系，他们表现出的亲社会行为就更多。这就证明了父母与教师对幼儿影响的重要性。因此，在日常生活中，父母与幼儿教师应做好表率作用，多与人交往合作，多与人分享，让幼儿在潜移默化中学会分享行为。此外，文学作品中的人物也是幼儿模仿学习的榜样，教师要经常讲一些关爱他人、乐于助人方面的故事，激发幼儿学习的兴趣。

（二）创造分享机会

在幼儿园中，教师可以有意识地将每周的星期一作为分享日。这一天，幼儿来幼儿园的时候，可以自己带一些平时非常喜欢的玩具，与别的小朋友一起玩耍；或者是将自己周末去过的地方、吃过的食物、看过的动画片等讲给其他小朋友听。在家中，父母应有意识地培养孩子成为家中的小主人。平时，父母可让孩子帮助做一些力所能及的事。当家中来客人时，让孩子帮忙一起招呼客人，给客人分配礼物等。要有意识地创造分享机会，让幼儿学会站在他人的角度，体验他人的情绪、情感，理解他人的需求和需要。

（三）建立分享规则

很多幼儿不愿与人分享，是因为缺少分享规则的指导。有的幼儿害怕自己的物品被他人玩过以后就弄坏了；有的幼儿只愿与自己要好的同伴一起分享；还有

---

① 何靖.浅谈幼儿的分享意识[J].昭通师范高等专科学校学报,2009,31(3):38-39.

的幼儿想要和别人一起分享某件东西时，却不知道怎样表达，因此常常使用抢的办法或使用强硬的态度要求别人。因此，我们应建立如下分享规则：（1）文明分享。被分享者对分享者的玩具和其他物品要爱护，不能随意毁坏。若是毁坏了，被分享者应该承担责任。（2）礼貌分享。幼儿想和别人一起分享某事物时，应用礼貌性的话语向拥有者表示请求。比如："我能和你一起玩这个吗?" 用完之后，应该说："谢谢。"（3）平等分享。对于那些只愿与要好的同伴一起分享的幼儿来说，应该让他们学会对其他的同伴也要做到共同分享。（4）轮流分享。当几个幼儿同时对一件物品发生兴趣时，要让他们学会一个一个按次序来。在组织幼儿讲述自己的经历或展示自己的才艺时，也应做到一个一个来，不能出现争抢现象。

（四）抓住教育契机，及时进行强化

当幼儿某次与别人分享了一件东西，比如玩具、食物，或者是将自己的情绪体验等讲给别人听的时候，教师和家长要及时对幼儿进行正面强化，鼓励其行为，并当众表扬他。而当幼儿独占一件东西，不愿与人分享，或是与其他孩子发生争抢时，成人应及时告诉他这样做是不对的，并对幼儿进行分享教育。必要的时候，让幼儿自己亲身经历一点挫折，对幼儿分享意识的培养也是很有好处的。具有分享意识是幼儿个体融入社会、被同伴和集体接纳的必要条件，是幼儿自身健康成长的重要保障。可以说，分享对于幼儿一生的发展都具有重要的意义。

本章小结>>>

本章主要讨论如何培养幼儿良好心理素质的问题。

1. 在抗挫折能力培养方面，可利用日常生活中的挫折，也可以主动创设一些挫折情境或"劣性刺激"进行教育，还可以开展专门的挫折教育活动。

2. 在自信心培养方面，要更新观念，以积极和发展的眼光关注幼儿；方法要正确，采取积极的暗示、适时的肯定；多实践体验，创造机会培养幼儿的自信心；最根本的做法是让幼儿增强实力，这是保持自信心的资本。

3. 在良好的行为习惯培养方面，要做到科学引导，言传身教，及时鼓励，家园合作，强化、巩固，持之以恒。

4. 在积极情绪培养方面，成人应以自身积极的情绪感染幼儿；

创设轻松、愉快的环境与氛围；通过丰富多彩的活动，促进幼儿积极情绪的培养；引导幼儿完成力所能及的任务；要注意防止幼儿产生恐惧、愤怒和紧张等消极情绪。

5. 在自制力培养方面，可运用社会认知提示法；游戏训练法；日常生活中训练的方法；创设情境，进行抗诱惑训练；为幼儿树立榜样等方法。

6. 在合作能力培养方面，要为幼儿树立合作的榜样；为幼儿创造合作的情境和机会；为幼儿提供合作的方法；强化幼儿良好的合作行为。

7. 在幼儿的人际交往能力培养方面，要树立正确的儿童观，创设宽松和谐的交往环境；开展丰富多彩的活动，为幼儿交往创造更多的机会；加强对幼儿的移情训练，教给幼儿一些必要的交往技巧；积极争取家长的配合，保持家、园教育的一致性。

8. 在幼儿分享意识培养方面，要发挥榜样的作用力量；创造分享机会；建立分享规则；抓住教育契机，及时进行强化。

思考与练习

1. 如何培养幼儿的抗挫折能力？

2. 如何培养幼儿的自信心和自制力？

3. 如何培养幼儿的良好行为习惯？

4. 如何培养幼儿的积极情绪？

5. 如何培养幼儿良好的合作能力、人际交往能力和分享意识？

项目实践

1. 小型讨论会：围绕如何培养幼儿的抗挫折能力、自信心、良好行为习惯、积极情绪、自制力、合作能力、人际交往能力与分享意识等进行分享。

2. 社会调查：了解当前独生子女抗挫折能力、自信心、良好行为习惯、积极情绪、自制力、合作能力、人际交往能力与分享意识等方面的状况。

師

第七章　幼儿心理健康教育活动设计

活动设计是幼儿园教师的看家本领。

——华东师范大学朱家雄教授

知识导图

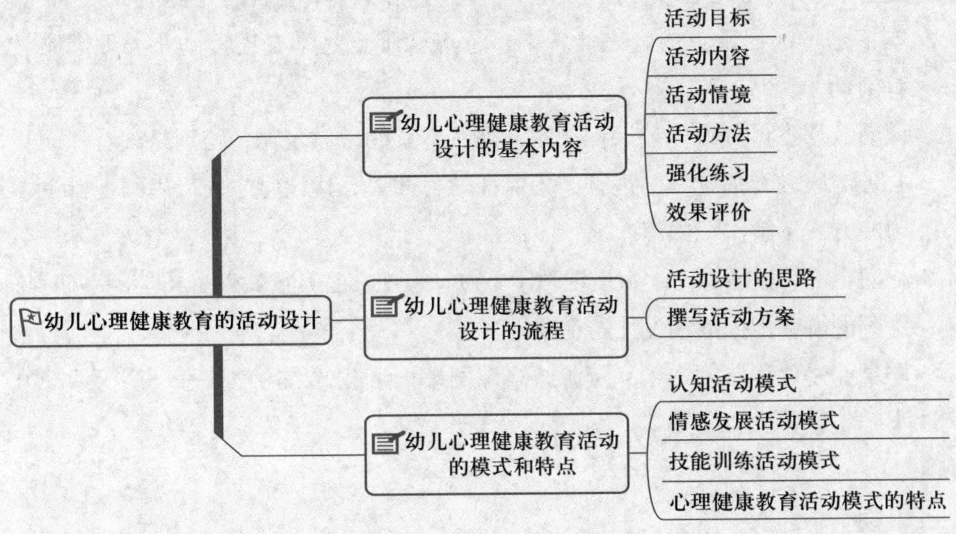

学习目标

- □ 理解：幼儿心理健康教育活动设计的基本内容。
- □ 掌握：幼儿心理健康教育的活动方案撰写。
- □ 熟悉：幼儿心理健康教育活动设计的一般流程。
- □ 了解：幼儿心理健康教育活动的模式和特点。

学习建议

- □ 设计和开展幼儿心理健康教育活动是幼儿园教师重要的专业能力，因此，本章是本课程重点内容之一。本章重点和难点是学会设计幼儿心理健康教育活动。
- □ 课前，学生可登录“爱课程”网，观看本章的教学录像，特别是观看“幼儿心理健康教育活动”的视频。为保证学习效果，建议学生先采用网上自主学习的方式了解本章内容。
- □ 在课堂上，教师可向学生呈现教学案例，组织学生开展案例分析与问题研讨，深刻理解和把握活动设计的主要内容。
- □ 登录“爱课程”网本精品资源共享课网站，下载“练习作业——撰写活动方案（教案）”。

心理健康教育活动是指根据社会发展的需要和幼儿身心发展的特点，有目的、有计划地引导全体幼儿自主参与的，在其自身的体检与感悟中提高心理素质、增进心理健康、开发心理潜能的一种活动。它是幼儿心理健康教育工作的重要途径，与其他形式的心理健康教育相比较,它具有系统性、连续性和目的性等特点，因此它是心理健康教育最重要和最直接的形式。

第一节　幼儿心理健康教育活动设计的基本内容

幼儿心理健康教育活动作为幼儿园活动的重要组成部分，应当有目的、有计划、有组织地进行。各个幼儿园应遵循幼儿教育的基本思想和总体要求，对心理健康教育活动的开展进行精心设计。

一、幼儿心理健康教育活动目标

活动目标的设计是活动设计的起点，它决定着活动设计的方向和内容。幼儿心理健康教育的活动目标应根据幼儿教育的总目标和幼儿心理发展水平来确定。《幼儿园教育指导纲要（试行）》和《3—6岁儿童学习与发展指南》等对幼儿健康教育的要求有：幼儿心理健康教育应包括维护和促进幼儿的心理健康，培养幼儿良好的心理品质，全面提高幼儿的心理素质，使幼儿学会适应、学会交往、学会合作、学会自控、学会求知、学会创造等。具体地说，可以归纳为以下三个方面。

第一，培养幼儿乐观、自信、乐群、积极参与、耐挫、勇敢等良好的个性心理品质，促进幼儿心理健康发展，使幼儿拥有时代需要的心理适应能力和心理承受能力。

第二，使幼儿学会合理宣泄不良情绪，远离不良情绪，有初步的自我情绪调节能力。

第三，促进幼儿智力的发展，培养幼儿观察、记忆、想象、思考、注意等方面的能力。

二、幼儿心理健康教育活动内容

在确定活动目标的基础上，选择与设计相应的活动内容。活动目标必须通过一系列活动内容来体现。活动内容是活动目标的载体。心理健康教育活动内容就是指活动项目的集合，而活动项目则表现为一个个活动单元。活动项目确定得恰当与否、活动单元设计的质量如何，直接关系到活动目标实现与否。因此要结合本园的实际情况，在理论分析的指导下，充分发挥教师的能动作用和创造精神，进行多方面的探索。关于如何使活动项目和活动单元的选择与划分更加合理，目前尚无一致意见，徐德荣、徐晓虹、邵静芬等人将幼儿心理健康教育活动的内容分为七个单元：自我意识的辅导、情绪情感辅导、抗挫折能力的辅导、意志力辅导、人际交往能力辅导、智力训练、其他。[①]

阅读《幼儿心理健康教育活动的内容分类》，了解幼儿心理健康教育活动的内容。

三、幼儿心理健康教育活动情境

情境设计是对与活动主题相关的一些具体情境和活动氛围的创设。

如何创设活动情境？可以从三个方面展开：第一，轻松活泼的“暖身”情境，如小实验、小游戏、猜谜、故事等，尽量使每一个幼儿都受到感染和熏陶，为活动的开展奠定心理氛围。第二，与主题相关的案例情境。情境应尽可能真实，提供有助于意义生成的实例，并把注意力集中于活动的主题，使活动目标在一定的活动场景中具体化，能激发起幼儿探究的心理，为活动的开展进行铺垫，或为活动创设心理发展的空间。第三，包括知、情、意、行等多重意义上的问题情境。问题以程序性问题、开放性问题和体验性问题为宜。

情境的创设可以利用讲故事、录音、录像、投影等教学手段来实现，真实地再现某些生活场景，感受其优美的景象，或人物的心态起伏，利用音乐渲染和富有激情的语言描述，营造出与主题相映衬的活动氛围。

情境的创设要注意以下三点：第一，符合幼儿的心理发展水平和年龄特点；第二，要来源于幼儿的生活实际，尽量选择身边的事例，远离幼儿生活实际的人和事触动不了幼儿的内心；第三，情境应具有挑战性，要能调动起幼儿求知的欲

① 徐德荣，徐晓虹，邵静芬.幼儿心理健康教育互动40课[M].上海:上海科学技术文献出版社,2008：1-2.

望，使幼儿有“我想说”“我要说”的冲动。

四、幼儿心理健康教育活动方法

心理健康教育活动的方法主要有游戏法、角色扮演法、讲解法、集体讨论法、移情训练法、行为练习法以及其他方法。

（一）游戏法

游戏是幼儿最喜爱的活动，游戏法是幼儿心理健康教育最主要的方法之一。美国学者K.S.舒斯特认为，在维持儿童和成人的情感平衡或积极的心理健康方面，游戏是一个必不可少的条件。当然，不同种类的游戏可以起到不同的心理健康教育效果，如竞赛性游戏可以培养幼儿的竞争意识和团体合作精神；非竞赛性游戏可以减轻幼儿的紧张感或焦虑感，使幼儿获得轻松愉快的情绪体验；等等。

应用游戏法要注意它的趣味性、自主性、虚构性、创造性、社会性(主要指契约性和互动性)的特点。游戏的趣味性使幼儿能够在紧张中放松，在不安中坦然，在竞赛中找到观点，表现自我，流露真情。游戏的自主性表现在允许参与者自由选择和自由加入与退出，让参与者意识到自己的存在，不必一定按别人的好恶行事。游戏的虚构性表现在参与者可以在一个虚构的情境下活动。在这个情境中，参与者抛弃了现实中原来的生活角色，去扮演游戏中的角色，因为具有虚构性，大家对游戏中的嬉笑怒骂都不会太在意。游戏的创造性：正如认知学派创始人皮亚杰在《发生认识论原理》一书中认同的那样，游戏是思考的一种表现形式。在游戏中，参与者的身心是处于放松状态的，由于是自主参与的，他们积极性高，其思维也最活跃，他们可以自由地创造游戏内容、形式和规则，最大限度地发掘并展示自我。同时，由于游戏的社会性，团体成员之间的思维碰撞与火花激发成为创造的又一源泉。游戏的社会性体现在，它要求幼儿之间协同、合作与配合。在游戏过程中，幼儿之间会形成大家认可的各种规则和契约。这种不成文的规则和契约，约束和规范着幼儿的活动。成员有共同的契约，在互动中产生的感情成为凝聚团体的力量，在团体中能够彼此互相信任和分享经验。

游戏法所展示的这些功能特点正是开展心理健康教育活动时所需要的，因此，游戏成为开展幼儿心理健康教育活动最重要和最主要的方法。

（二）角色扮演法

角色扮演法是一种设定情境与题材，让幼儿扮演角色，通过行为模仿或行为替代来影响幼儿心理过程的方法。结合相关主题内容，让幼儿扮演活动中的角色，进行现场表演，通过观察、体验、分析、讨论，从而使幼儿受到教育。

角色扮演主要有以下方法。

1. 镜像法

这是指看别人扮演自己的方法。例如，爱说粗话、不讲礼貌的A看到B表演自己的所作所为，通过看别人演自己而客观地了解自己生活中的言行，A从而改变不适当的行为。

2. 哑剧表演

此方法是要求幼儿不以语言或文字来表达其意见或感情，而用表情和动作来实现。表演可以是一人或多人，如表演“见面时”“生气时”“幸福时刻”“等待”等。这种方法可以促进幼儿非言语沟通能力（如情商）的发展。

3. 小品表演

这种方法是把幽默、讽刺或赞许的语言与滑稽行为动作结合起来，展示学习和生活中的一些事情，告诉幼儿其中的道理及处理问题的方式等。小品表演大多由多个幼儿参与，情境接近生活，富有感染力，例如，表演“小朋友病了”“小朋友来我家做客”“给妈妈过生日”“在公交车上”等内容。

4. 童话剧表演

这是一种把童话故事改编为剧本，进行舞台表演的形式。童话剧情节神奇曲折，生动浅显，对自然物往往进行拟人化的描写，通过丰富的想象、幻想和夸张来塑造形象、反映生活，是对幼儿进行心理健康教育的形式之一。如童话剧《拔萝卜》说明了齐心协力的重要；《小红帽》可以培养幼儿抵抗诱惑和听从长辈建议的品质；《丑小鸭》中的丑小鸭最后变成了白天鹅，说明不要放弃，美丽的春天终会到来，也说明不要轻视貌不惊人者；等等。

（三）讲解法

讲解法，是教师利用语言和多媒体教学手段，通过生动、有趣的讲授来影响幼儿心理和行为的一种方式。如通过讲寓言、童话故事，使幼儿了解其所表达的意义，明白做人做事的道理。

阅读《结合绘本的讲解》，了解绘本内容的作用。

为了使讲解达到更好的效果，教师在讲述时语言要生动形象，讲解时尽可能辅以形象化手段（如实物、图片、幻灯、录像等），以帮助幼儿理解。结合绘本进行讲解的方式在幼儿园中经常被运用。

观看《〈我不任性〉绘本阅读教学视频》，学习如何运用讲解法。

（四）集体讨论法

集体讨论法是在教师的引导和组织下，幼儿对某一专题发表自己的看法，通过讨论可以沟通意见，集思广益，解决问题。集体讨论中幼儿可以沟通思想和感情，激发参与的热情，加深认识，因此也是一种常用的方法。比如，脑力激荡法，通过集体思考和讨论的方式，使思想发生连锁反应，以引发更多的意见或想法。此法可应用于创造力训练、解决问题能力训练等。

观看《集体讨论法的运用案例》，学习如何运用集体讨论法。

运用此法时应注意，教师要创设平等宽松的讨论氛围，不要轻易否定或怀疑幼儿的意见，让幼儿自由畅想，不管他们的意见有无价值，甚至有些异想天开，也要接纳它。可以对幼儿的想法加以改进和组合，但严禁批评指责。

由于开展讨论的基础是幼儿已有丰富的生活经验、有较强的思考力和语言表达能力，因此集体讨论法一般在大班使用。

教师可以提出这样的问题让幼儿讨论：皮球掉进深坑了，怎么办？一个人在家，突然停电了，怎么办？气球挂在树上下不来，怎么办？碰到陌生人要带你走，怎么办？同伴掉进河里，怎么办？等等。

（五）移情训练法

这是指通过一些形式让幼儿理解和分享他人的情绪体验，以使幼儿在以后的生活中对他人类似的情绪能主动理解的方法。

运用移情训练法要注意以下问题：第一，提供的情境必须是幼儿熟悉的、能理解的；第二，移情训练的基础是唤醒幼儿已有的类似的情感体验，从而确保幼儿能理解当前的情境；第三，移情训练本身不仅仅以教育为目的，更重要的是为了幼儿能理解同伴的感受，自然地给予力所能及的关心与帮助；第四，教师加入移情情境中，会极大地感染他们，因此不能只是旁观者。

（六）行为练习法

行为练习法是指按照某种行为技能的要求反复进行练习，促使幼儿掌握和巩固某种行为技能的方法。

行为主义心理学认为幼儿良好的行为是在不断的试误与练习中建立起来的，所以对良好行为进行经常性的强化练习，是行为习得的重要途径。

行为练习法有以下三种方式：第一，在实践活动中练习，如在角色游戏中练习礼貌用语；第二，在自然的交往环境中练习，如在和同伴交往过程中练习分享、请求、协商等交往技能；第三，在特意创设的情境中练习。

运用行为练习法要注意以下问题：第一，教师要做正确的示范行为，以供幼儿学习与模仿；第二，行为练习的方式要多样化，以引起幼儿练习的兴趣和愿望，避免简单、枯燥；第三，行为练习要持之以恒，以使幼儿的行为得以巩固。

（七）其他方法

除了上面几种方法外，还有幼儿心理健康教育活动常用的操作方法，如绘画、唱歌和运动。当然这些具体的操作方法可以融合到艺术和健康等领域中。

1. 绘画

通过幼儿绘画与游戏，可以看出他们的动作发展、情绪反应、人际关系等状况。绘画是幼儿自我表现的一种方式。幼儿由于语言能力发展有限，常常不能够充分表达自己的需要和想法，而绘画恰恰是提供给幼儿自由表达内在感觉和想法的方式。

绘画能够反映幼儿个体的身心特征。无论是画面整体构图，还是各组成成分的呈现顺序，都是心理分析的一项重要维度，为心理、行为评估与诊断提供了有效的渠道。因此，可以通过分析幼儿的绘画，包括用色方面、线条、形状、大小、画面构图、画面整体布局等，了解幼儿的心理状态、情绪状态。对人像画的研究结果显示，诸如火柴人、漫画人等过于抽象的人物画，传达了绘图者拒绝、隐藏等较强的自我防御性人格特质，或智力偏低的信息。① 巴赫通过对幼儿画的研究发现，图画的颜色乃至颜色的亮度，与不同身心健康状况的幼儿结合后代表了不同含义。②

绘画还可以帮助幼儿宣泄不良情绪。美国艺术治疗协会将艺术的治疗功能进

① 马莹，顾瑜琦．心理咨询技术与方法［M］.北京：人民卫生出版社，2009：301-339.

② Cathy A. Malchiodi. 儿童绘画与心理治疗：解读儿童画［M］．李甦，李晓庆，译．北京：中国轻工业出版社，2005:188-189.

行了说明，通过图画创作的过程，当事人可以实现缓和情绪、缓解压力、自我探索、发挥潜能、促进成长的目的。[①] 在绘画过程中，治疗者为问题行为幼儿提供了一个安全的、自由的、受保护的空间，不干预幼儿的活动，幼儿可以自由地表达自我、发泄不良情绪，宣泄过剩的心理能量。辛格（Singh）运用绘画的方式对经历家庭暴力事件的儿童进行研究后发现，绘画有益于幼儿情绪的宣泄，达到心理问题修复和治愈的效果。[②]

2. 运动

研究表明，幼儿参与适宜的体育运动能够获得较多的运动愉快感，从而有助于幼儿的心理健康。体育运动能促进幼儿积极情感的发展和良好个性品质的形成。[③] 幼儿园各种丰富多彩的器械活动、角色游戏等能刺激幼儿的情绪中枢，使其产生各种快乐、兴奋等良好的情感体验，特别是当他们获得活动中的成功时，如：用沙包击中了“怪兽”，躲过了“大灰狼”的追击，抓住了同伴的“尾巴”，学会了骑羊角球等，这些良好的情感体验会促进幼儿愉快、活泼、开朗、积极和充满信心等个性心理品质的发展。

体育运动能减少幼儿不良情绪的产生。幼儿参加一定活动量的体育运动可以使他们体内过多的能量得到消耗，满足他们生长发育的生理需求，使他们产生满足和轻松愉快的情感。而当幼儿情绪不良时，体育运动还能转移幼儿的注意力，使其不良的情绪得以释放和消除。比如，让他们用手击打拳击袋，让他们在草地上或柔软的垫子上翻滚，让他们用木棒用力击球，等等，可以使他们不良的情绪得以宣泄。

以上这些方法的分类不是绝对的，不同种类的方法之间有一定的交叉或包含关系。一般来说，一节心理健康教育课，单用一种方法进行活动是极少数的，这就要求教师根据活动目标和每种方法的特点，合理地选择和组合各种方法，使教育活动达到最佳的效果。究竟选用哪些方法为佳，需要综合考虑活动内容、幼儿的年龄特征以及幼儿园和班级的条件、时间、地点等因素。

五、幼儿心理健康教育活动的强化练习

心理健康知识的掌握和心理技能的内化需要反复练习和持续的强化，因此要精心设计强化练习环节，以巩固活动效果。

---

① 张雯．自闭症儿童多因素调查分析及绘画艺术治疗干预［D］．太原：山西医科大学，2009.

② Singh Abha. Art therapy and children: a case study on domesticviolence［M］. Montreal: Concordia University，2001：50-66.

③ 吕晓昌．健身运动处方锻炼对儿童心理健康的影响[J].中国体育科技，2003，39(5)：56-59.

强化练习可以在心理活动中开展，也可以是在活动后进行，甚至可以延伸到家庭中，要求家长配合，督促完成。

强化练习方式和方法可以是个人独立训练，也可以是小组协作练习；可以是教师根据主题内容设计的练习，也可以是家长参与的作业。

心理健康教育的强化练习是一种活动作业，重过程体验，不重结果。尊重每个人活动的独特性，重视个体经验的分享，不要求用统一的评价标准。

六、幼儿心理健康教育活动的效果评价

评价是幼儿心理健康教育活动整体的一个组成部分。通过评价教师可以了解心理教育活动的目标、计划、内容、过程、方法措施等是否符合幼儿的发展水平，是否能促进幼儿心理的健康发展，是否达到了预定的活动目标，起到反馈、诊断和增效等作用，具体内容如表7-1所示。教师在拟订心理教育活动方案时就应设计好评价的标准和范围，增强心理教育活动的科学性和有效性，以便在具体的教育活动结束后及时进行评价。

表 7-1 幼儿心理健康教育活动效果评价表

评价内容	评价指标
活动目标	1. 认知目标达成度；2. 情感目标达成度；3. 技能和能力目标达成度
幼儿活动参与性	1. 幼儿参加活动的程度；2. 注意力集中程度；3. 情绪愉悦的表现；4. 活动的持续性；5. 接受活动挑战的能力
活动适宜性	1. 是否固时、固地、固内容和依据幼儿学习的特点，灵活运用了集体活动、分组活动和个别活动；2. 教师是否以平等、关怀、尊重的态度对待幼儿，是否支持、鼓励幼儿与同伴互动等

评价依据有以下几个方面：活动中和活动后的观察结果、心理健康水平测试、幼儿反馈、家长反馈、其他相关人员的反馈等。

第二节 幼儿心理健康教育活动设计的流程

幼儿心理健康教育活动目标的实现必须通过一系列活动内容来体现，活动内容是活动目标的载体。活动内容是指活动项目的集合，而活动项目则表现为一个个活动单元。一方面，幼儿园教师要以活动目标为导向，正确选择适宜的活动内

容；另一方面，幼儿园教师又需要将以上要求转化为实践过程。在实践过程中，教师要根据幼儿园和幼儿的具体情况，对活动从内容到形式进行自主设计和安排，设计出连续性与阶段性、操作性与有效性统一的单元活动,并把单元活动设计方案以书面的形式记录下来,形成具体的活动方案。

一、活动设计的思路

在设计活动前，必须先了解幼儿的需要，再确定单元主题、设计单元目标、明确活动方法，做好课前准备，确定活动过程等。

（一）了解幼儿的需要

心理健康教育活动以直接满足幼儿维护和发展自身的心理健康需要、促进幼儿心理健康发展为目的，因此，为了使心理健康教育活动具有实效，必须对幼儿的实际心理需要有充分的了解，做到心中有数，有的放矢。幼儿心理健康发展的需要包括两个层次：一是一般需要，是指在某一年龄阶段幼儿普遍存在的心理和行为发展上的需要，教师可以通过研究发展心理学的有关资料来分析确定，也可以找一些现成的针对一般需要的活动设计作为参考；二是特殊需要，指本园、本班幼儿和某些特殊幼儿群体，由于其处在特殊环境中或遇到特殊事件的冲击或压力而需要解除困境、度过危机。教师可以进行实地调查，收集有关信息。调查对象可以包括幼儿、家长及教师和有关的社会机构等，调查方法可以是访谈法、问卷法、座谈会等形式。

（二）确立单元主题

在了解幼儿需要的基础上，教师就要进行科学的选题。有些教师不顾幼儿的需要，不顾本园的实际情况，依据现成的参考书依葫芦画瓢，使心理健康教育活动脱离了幼儿实际，这就违背了心理健康教育的目的。科学选题时，应因人、因事、因地、因时制宜。

单元主题要选用相应的名称，具体标示着心理健康教育活动的特定内容。单元有大小之分,大单元又叫主题系列单元，一般由3~6个相关的或同类的小单元构成。如在“学会交往”系列主题单元设计中，可以包括以下小主题：“学会打招呼”“学会微笑”“学会倾听”“学会称赞”“学会拒绝”“学会竞争”“学会合作”，等等。小单元就是针对某一特定的心理品质所确定的一个独立的主题，如“了解你的个性”“如何与陌生人交往”“和时间比赛”等。这样的小单元以1~3个课时为宜。

（三）设计单元目标

单元目标设计是对具体单元活动所要达到的结果的规划。对心理健康活动要求、单元内容、幼儿已有的需要和状态充分了解后，确定单元目标分类，陈述开展心理健康活动具体的行为目标。

单元目标确定后，须用规范、明确的语言表述。同时要注意避免以下几个误区。

1. 活动目标单一、不全面

活动目标的陈述应全面，活动目标可以分为知识与技能、过程与方法和情感态度与价值观“三维目标”。

在“人际交往”单元中，可以确定如下目标：

（1）了解人际交往的重要性（认知目标）。

（2）掌握与他人正确交往的方法（过程与方法目标）。

（3）形成人际交往的正确态度或喜欢与人交往的倾向（情感态度与价值观目标）。

2. 目标主体不正确

活动目标应该陈述幼儿学习的结果，而不应该陈述幼儿学习的内容和教师做了什么。即行为的主体是幼儿。

思考：下面案例存在哪些问题?

单元主题：做个快乐的孩子

活动目标：

（1）学习辨认喜、怒、哀、乐几种基本情绪。

（2）教会幼儿对自己的情绪做出确切的表达。

（3）了解不同情绪对身体健康的影响，懂得如何调节自己的情绪。

点评：以下的活动目标表述是否更好?

（1）通过活动幼儿学会辨认喜、怒、哀、乐几种基本情绪。

（2）幼儿对自己的情绪能进行较为确切的表达。

（3）幼儿能了解不同情绪对身体健康的影响，懂得如何调节自己的情绪。

3. 活动目标含糊、不明确

活动目标的陈述应力求明确、具体，是可以观察和测量的行为，尽量避免使用含糊和不切实际的语言陈述。

4. 活动目标忽视了整体性与个别性的统一

目标要适当，要考虑到幼儿的实际情况和个别差异。

5. 活动目标缺乏启发性、引导性

制订活动目标本身不是目的，活动目标是为活动服务的，教师应围绕活动目标选择活动内容和开展活动，因此活动目标应该具有启发性、引导性。

单元主题：让我来帮帮你[①]

活动目标：

（1）在体验场景下，幼儿感受盲人活动的不方便。

（2）幼儿能用较准确的词汇和语言表达自己的内心感受。

（3）能激发关心、帮助盲人的情感。

点评：以上案例是体验式的活动，在中班（下学期）进行，效果并不理想。原因是活动目标是针对中班幼儿的，在他们词汇量少，或不懂得如何表述自己的感受和心情的情况下，开展得并不顺利。在大班第二学期开展效果较好。当然，大班幼儿在实现活动目标上也存在个体差异。

（四）明确活动方法

前面已说明心理健康教育活动的方法有许多，如游戏法、角色扮演法、讲解法、集体讨论法等。教师在确定活动方法时，要综合考虑活动目标、活动主题、活动内容、幼儿的身心状况、幼儿园和班级的条件以及时间、地点等多种因素，灵活运用多种活动方法，使其互相配合、协调一致，共同发挥作用，以实现心理健康教育活动的目的。

（五）做好课前准备

心理健康教育活动采用的方式与方法较多，对于活动地点应根据实际情况选择；对活动所需的现代教育设备和影视、录音材料、教具、玩具等，都应在课前做好准备。

① 由惠州市机关幼儿园熊月娜设计并执教。

（六）确定活动过程

拟订活动过程是活动设计的主要部分，它规定了活动的具体步骤和实施程序。从活动开始到活动结束的每一个步骤，都应有周密的说明和细致的安排。拟订的活动过程，要符合幼儿的认识规律，由浅入深，由表及里，由感性到理性。要符合逻辑规律，即环环相扣、循序渐进，做到既完整又系统。

幼儿心理健康教育活动的一般过程如下。

1.“暖身”活动

即正式活动前为活动开展奠定心理氛围而开展的小游戏、小故事或小实验等。

“暖身”活动的选择、设计与应用，应考虑两个要素：该“暖身”活动能否引发幼儿的学习动机；“暖身”活动能否营造出一种开放、宽容的气氛与轻松、活泼的情绪。

观看《“暖身”活动》视频，学习如何开展“暖身”活动。

2. 创设情境

依据活动目标，创设有效、合适的情境，是整个活动设计的重点。

活动情境创设完成后，要注意妥善安排各活动或情境之间的次序，循序渐进，环环相扣，以突出整体效果的衔接。（有时，第1、2环节可以考虑合并起来。）

3. 催化互动

幼儿心理健康教育活动不同于一般教学的核心因素，在于团体动力因素的应用与掌握。催化幼儿彼此参与和互动是心理健康教育活动设计的精妙之处。因此，教师在设计与实施活动时，要充分发挥集体的辅导资源，让幼儿在幼儿与幼儿、幼儿与教师之间的互动中，实现心理健康发展。

在催化互动中，教师起主导作用。教师要以温暖、尊重、理解和接纳的态度对待每一个幼儿，要尽量表现出宽容、幽默，使活动轻松活泼地进行，从而吸引更多的幼儿参与和投入进来。

4. 鼓励分享

教师要引导幼儿之间互相交流他们的体会。在这个过程中，教师不宜进行过多的说教和社会规范的灌输，只在必要时加以引导。

这里应用了团体动力学的原理，通过团体成员之间的互动来促进幼儿的心理发展。从团体动力学角度看，团体绝不是各个互不相干的个体结合，而是有着联系的个体间的一组关系，团体内部建立一定的规范和价值观，强有力地把个体成员的动机、需求与目标结合在一起，使团体行为深入影响个体行为。

5. 引发领悟

幼儿在参与和分享中获取新的想法与感受，从而引发幼儿的领悟，成为改变幼儿成长的契机。

在这里，教师侧重的是诱导、启发而不是说教和指导。教师本着激励、启发和引导的原则，尊重每个幼儿的个性，鼓励个人发表意见，重视班级内的交流与幼儿反应。当幼儿由于思维不清而语无伦次时，当幼儿词汇不足而无法表达时，当幼儿有所顾虑而不愿讲明缘由时，当幼儿心情紧张叙述受到影响时，教师要有针对性地循循善诱。教师如果拿不准幼儿的意思时，可以用反问的方法。比如，“你的意思是……”“这就是说……”等语句。

6. 整合经验

幼儿的参与以及彼此间的分享与回馈，使幼儿能把别人以及在活动中获取的新经验与自身的经验加以整合，从而深化活动效果。因此，活动过程中与活动结束前的经验整合具有回顾与前瞻的重要功能。（第4、5、6环节经常连在一起。）

7. 促成行动

为落实幼儿领悟与经验整合所取得的效果，鼓励幼儿即席采取行动和演练成果，以确保教育活动的效果在知、情、意、行等维度上的统一。

8. 活动延伸

活动效果的取得，单单靠课堂活动是远远不够的。布置一定的作业，一方面要鼓励幼儿把活动中取得的领悟与演练的成果迁移运用到日常生活中去，另一方面还要充分发挥幼儿园–家庭–社区这一辅导网络的支持作用。

以上八个环节只有在活动设计的理论架构统领下，在紧扣活动目标的前提下，才能有效运行，获取理想的活动效果。当然，这八个环节只是设计的活动基本走向，不同类型、不同内容的心理健康教育活动可根据具体活动目标与内容有所调整，或删减或合并某些环节。

《小鳄鱼生气了》（大班）活动过程[①]

一、播放课件

欣赏故事《小鳄鱼生气了》，引出“生气”的主题。

二、经验交流

1. 引导幼儿发现和了解生气的现象。

---

① 由广东省惠州市机关幼儿园刘婷婷设计并执教。

2. 请个别幼儿讲述自己生气的生活经历。

3. 教师小结：原来，生活中有很多事情会让我们忍不住要生气，有的来自生活中，有的来自游戏中，还有的来自和其他人的交往中。而且，每个人都会遇到生气的事，不光你们会遇到，老师也会遇到，你们的爸爸、妈妈也会遇到。

三、观看实验："生气的"气球，认识生气的危害和消气的必要性

1. 教师边操作实验边讲述。

2. 教师引导语：我们的身体就像这个气球，本来好好的，可是如果遇到不高兴的事情就生气，遇到不顺心的事情也生气，遇到不满意的事情还生气，怒气越来越多，就像这个气球那样越来越大（边说边示范），如果不断地往这个气球里面充气，气球会怎样？（会爆炸。）我们人也一样，不断地生气就会气出病来。

四、讨论、分享和了解各种排解生气的办法

1. 就小鳄鱼的消气方式进行讨论

教师：你们觉得小鳄鱼这样的消气方法对吗？

幼儿：讨论。

教师总结：这样的消气办法不仅没让自己开心起来，还破坏了物品、伤害了自己，不好。

2. 讨论各种能够摆脱生气、找回快乐的好办法

教师：你们能不能帮小鳄鱼想一些既有效又文明的消气方法呢？

请个别幼儿讲述自己认为可以消气的办法，并结合课件了解一些有效的消气方法。

教师总结：原来赶走怒气、找回快乐的办法有很多，比如：吃点好吃的、看点好看的、听点好听的、玩点好玩的。你们真是一群乐于助人的好孩子，小鳄鱼按照你们说的方法做了，结果消了气，心情又变好了。（出示课件中小鳄鱼开心的笑脸。）

五、结束部分："纸飞机"游戏

教师引导语：你们刚刚了解了许多消气的好办法，老师也想出了一个既方便又文明而且还很特别的好办法，就是用一张纸来帮我们消气。我们先把这张纸折成一架纸飞机，然后把自己曾经感到生气的事情告诉纸飞机，对着纸飞机大声说出来，这架纸飞机就会把我们的怒气带走，飞得很远很远。你们快来试一试吧！

二、撰写活动方案

活动方案是在上述单元设计思路的基础上，对单元设计的提炼和升华，它通常以小单元为单位编写。有了活动方案，教师就可以有目的、有计划、有步骤地在规定课时内有条不紊地组织活动。撰写完整、周密的活动方案是保证活动取得

良好效果的前提。

心理健康教育活动方案一般包括以下内容：活动主题、活动对象、活动目标、活动方法、活动准备、活动过程、活动小结、活动反思、活动延伸等（不一定都要有）。

只有在活动设计理论架构的统领下，综合考虑以上内容，才能撰写出优秀的心理健康教育活动方案，获得理想的活动效果。

下面以《幼儿自我意识的心理辅导——寻找闪光点》[1]为例，学习和体验活动方案的撰写。

幼儿自我意识的心理辅导——寻找闪光点

一、活动对象

适宜中班下学期、大班幼儿。

二、活动目标

1. 知道每个人身上都有优点，初步学会欣赏同伴和自己的优点。

2. 体验更多的自信心和满足感，在心理活动中感到愉悦。

三、重点与难点

重点：能够让幼儿更多地了解自身的优点，树立自信心。

难点：幼儿能够重新认识自我，悦纳自我，提高自我评价的能力。对教师而言是创设和谐的活动氛围，为幼儿创设树立自信心的心理环境。

重点与难点的突破：先从形成原因分析，幼儿年龄小，认知水平有限，以及会尊重和服从成人的权威，所以教师解决策略包括创设一定的故事情境，运用认知矫正法和肯定性训练相结合的方法，进行相应的心理辅导。

四、活动准备

每人一面彩旗、一套表示心情的符号，五角星若干。

五、活动过程

1. 创设情境，引出课题

教师：森林王国的国王给我写了封信，邀请我们班里优点多的孩子去参加他们的联欢会，你们觉得自己会有机会去吗？那么我们先来找找自己有多少优点。

（意图：教师用参加动物联欢会作为兴趣点，创设情境，自然地向幼儿提出活动要求，使幼儿一开始就有了明确的目的和浓烈的兴趣，为开展下一个环节做了心理铺垫。注意，这里进行举手统计，作为前测数据。）

---

① 徐德荣，徐晓虹，邵静芬.幼儿心理健康教育互动40课［M］.上海:上海科学技术文献出版社，2008:7-10.

2. 说优点，初步认识自我

（1）幼儿向同伴讲述自己的优点，说出一个优点，同伴就在彩旗上贴一颗五角星。

师：请你向你的同伴讲讲自己的优点，说出一个优点，同伴就在花朵上贴一颗五角星。然后两个人交换进行。

（意图：这个环节为幼儿创设了认识自我、发现自己优点的机会，让幼儿能够初步地去认识自我，也为下一个环节的开展做了铺垫。活动中，邀请同伴用五角星进行记录，一方面能够体现公平，另一方面是让幼儿之间能够互相关注、互相合作。选择贴五角星这一方式进行记录，能够大大地激发幼儿的活动兴趣，因为以往只有老师才能够给幼儿贴五角星，在这一活动中幼儿也拥有了这样的权利，那是他们无比开心的事情。）

（2）集体交流，寻找五角星最少的幼儿。

师：请你们自己拿好自己的花朵，互相看一看，谁的五角星最少？

在这个环节中教师了解班级幼儿自信心的状况，从幼儿获得五角星的情况来进一步地了解幼儿自信心的状况，为下一步的单独辅导寻找方法。

师：小朋友们，你们来帮忙找找，他除了这些优点，还有别的优点吗？你找到一个，就告诉大家，并上来为他贴一颗五角星。

（意图：这是一个非常重要的环节，对于班级中自信心特别弱的幼儿是一个重新发现自我的过程，通过这个环节，他能够在同伴找出的各种各样的优点中，重拾自信。同时，对于其他幼儿而言，这一过程也能让他们努力去发现别人身上的优点，更加积极地评价同伴。无论对于不自信的幼儿，还是对于自信的幼儿，都有积极的心理辅导价值。）

（3）了解此时这位幼儿的感受，帮助他树立自信心。

师：原来你（五角星最少的那位幼儿）也是个有很多优点的孩子，只是你自己没有发现。你现在感觉怎样？

（意图：这一环节中，教师重新将认识自我的权利交到了幼儿自己的手上，让孩子重新认识自我，完成了认识自我的整个心理过程。）

3. 小组活动，重新认识自我

（1）以小组为单位，寻找组内幼儿身上的优点，方法同上。

（2）集体交流：你的同伴为你找到了几条优点？这里为幼儿创设一个积极的交往空间，小组成员间互相寻找优点，能使组内幼儿之间多一些了解。

师：森林王国的国王看到我们班的小朋友身上优点真多，决定让我们所有的小朋友都去参加他们的联欢会，你们高兴吗？那我们就出发吧！

（最后，通过贴表情符号，一方面可以看出幼儿通过这个心理辅导活动之后的情绪状态，另一方面也让每一个幼儿将内心的感受得到释放。同时也给教师反思自己的教学活动，提供了依据。）

六、活动反思

幼儿园中该怎样进行团体心理辅导活动？在“寻找闪光点”这一活动中，教师总结出几点心得。

1. 创设一定的故事情境，帮助幼儿更快地进入角色。幼儿的思维是具体形象的，对事物的理解也是直观形象的，因此，情境是对幼儿进行心理辅导的一个很好的桥梁。在这一活动中，以争取参加动物联欢会为情境开展活动，引起了幼儿参与活动的兴趣。

2. 保证全体幼儿全身心地参与，注重活动中的心理体验。因为团体心理辅导不是强调掌握心理学知识，而是要在参与的过程中不断地获得情感体验，以促进幼儿个性的良好发展。

第三节 幼儿心理健康教育活动的模式和特点

在20世纪40年代美国著名创造学家奥斯本推广的“头脑风暴法”和著名社会心理学家勒温提出的“敏感性训练”课程以后，西方国家开始大量出现专门的心理训练课程或心理教学模式。北京师范大学沃建中教授概括出传授式、活动式和诱导式三种主要的模式，并且认为心理教育课程能够取得良好效果的活动模式是诱导式；[①] 王海英、成伟概括为讲授式、活动式、对话式和诱导式四种活动模式，并研究得出诱导式是目前心理健康教育课最理想的一种活动模式。

阅读《诱导式活动模式内容》，了解相关内容。

以发展“知、情、意、行”为目标的活动模式主要是指，在活动过程中，坚持以发展幼儿的认知、情绪情感、意志、行动（主要指动作技能和抗挫折能力训练）为基本的活动指导思想，强调幼儿学习的主动性，以培养幼儿积极的情绪、情感和健全的人格为目的的一种活动模式。从心理成分上分析，心理健康教育的目标一般包括认知目标、情感态度目标、意志与行动目标。认知目标是让幼儿知

① 沃建中.走向心理健康：活动篇[M].北京：华文出版社，2001：42.

道心理健康的重要性，了解心理健康知识，发展感知、记忆、思维与想象的认知能力等；情感态度目标主要是培养幼儿对心理健康教育活动的兴趣，帮助幼儿悦纳自己，养成乐观进取的生活态度等；意志与行动目标包括动作技能目标和抗挫折能力训练目标。动作技能目标是帮助幼儿养成良好的行为习惯和生活习惯，学习社会交往的礼仪与技巧等；抗挫折能力训练目标是培养幼儿坚强的意志力以及抵抗挫折的能力。

一、认知活动模式

其活动程序为："问、想、做、评"，也可具体化为"案例—思考—讨论—总结"。

"问、想、做、评"主要是指，在活动过程中，教师根据活动目标和内容，创设适当的问题情境，以问题为中心，层层推进，让幼儿在深入问题情境中进行积极主动的思考、探究，直到问题解决，在特定的问题情境中去获取相关知识、形成相应能力的一种活动模式。这种活动模式突出活动过程中"问、想、做、评"四个环节。问，就是提出问题让幼儿思考，或创设问题情境让幼儿解决；想，就是鼓励幼儿思考；做，就是具体的操作，也就是把"想"转变为"行动"；评，即评价，包括自我评价与他人评价。

这种活动模式有助于幼儿形成对自己与自然、社会、他人之间关系的正确认知，也有助于幼儿改变不正确的认识。美国临床心理学家阿尔伯特·艾利斯认为，人的不良情绪和问题行为来自人对所遭遇的事情的信念、评价，即由错误的认知或非理性认知导致。建立正确认知和纠正错误认知是本模式的目标。这一活动模式的特点是教师选择生活中正反两个方面的案例，引导幼儿积极思考，组织同学之间讨论，最后进行总结评价，得出正确结论，从而帮助幼儿形成正确的认识。

"我不任性"活动设计[①]

一、活动对象

中班幼儿。

二、活动目标

1. 知道任性的具体表现，认识任性会造成的不良影响。

① 设计指导者：饶淑园、周洁；设计者和执教者：惠州市机关幼儿园余佳珊。

2. 能在成人的帮助下调整和控制自己的情绪。

3. 遇事能分析问题、合理解决问题，提高自己辨别是非的能力。

三、活动准备：《我不任性》的 PPT 课件故事、板书图片、每名幼儿一份判断练习。

四、活动过程

（一）认识任性

1. 欣赏故事《我不任性》（出示 PPT）。

2. 提问：听完了故事，小鳄鱼做了哪些事？带来了什么麻烦？爸爸、妈妈怎么样做的？（幼儿讨论。）

3. 出示板书图片：

A. 不洗脸。小动物嫌他脏，不喜欢他。爸爸哄了也没用，很伤心。

B. 挑衣服。热得他大汗淋漓，妈妈发火了也没用。

C. 在家骑自行车。把花瓶碰碎了，爸爸、妈妈说什么都没用，很伤心、生气。

小结：像小鳄鱼由着自己的性子来，不听取爸爸、妈妈的意见，叫任性。

4. 教师引导：后来，遇到了谁？发生了什么事情？

5. 教师引导：小鳄鱼还任性吗？他是怎么样来控制自己的任性的？

（二）操作练习，提高幼儿辨别是非的能力

请小朋友们判断操作练习里的幼儿是否任性：如果是任性的行为，我们就贴生气的表情；如果是不任性的行为，我们就贴笑脸。

（三）谈任性

1. 小朋友，你们有哪些任性的行为？采取什么方法来控制自己的任性呢？（幼儿发言。）

小结：听从大人或同伴的劝告及意见，学会冷静、思考，不哭闹。

2. 那你们还要任性吗？为什么不能？（幼儿讨论。）

小结：因为小朋友们还小，不能分辨是非。爸爸、妈妈会生气，小朋友们会伤身体等。

五、活动小结

小朋友们渐渐长大了，就会有自己的一些想法，当我们的想法和爸爸、妈妈的想法不一致的时候，不能用大哭大闹来达到自己的要求，要学会思考、判断是否合理，要学会做一个会听劝告、不任性的孩子。

扫一扫

观看《〈我不任性〉教学活动》视频，学习如何运用认知活动模式。

二、情感发展活动模式

其活动程序为：创设情境—体验—交流分享—总结。

这种活动模式适用于幼儿对社会、自然、他人和自己的积极态度与情感的培养，适用于自信心训练、挫折应对训练等。它的特点是教师依据情感活动目标，创设与特定情感和态度相应的情境，首先，幼儿通过参与情境中的活动，获得充分的心理体验；其次，幼儿相互交流分享自己的感受；最后，由教师进行总结。这种活动模式强调幼儿体验的过程以及所获得的感受。

感受盲人世界①

一、活动目标

1. 通过体验盲人的生活，进一步感受盲人生活的不容易和困难。

2. 能用简洁的语言表达“盲人”的感受。

3. 激发关爱盲人的情感，培养同情心。

二、活动准备

1. 眼罩、垫板、围裙、鞋子（上课前脱下，放在涂鸦墙的下面）、书包、画笔、水杯等。

2. 涂鸦墙、背景音乐《神秘园之歌》。

三、活动过程

1. 初步体验“盲人”的生活。

2. 教师引导

师：在戴着眼罩完成任务的过程中你感觉怎么样？你碰到了什么困难？

幼儿谈感受。

3. 进一步感受盲人的处境

幼儿轮流戴上眼罩去喝水、如厕，并取书包再返回。

师：要绘画还需要画笔，小朋友这里没有画笔怎么办呢？（到班上拿。）如果我们都是盲人，能走得到班上吗？（不能。）那怎么办呢？（一人带上眼罩，一人协助。）

A 组带上眼罩，B 组帮助 A 组到班上喝水、如厕，并背好书包返回新礼堂。

B 组带上眼罩，A 组帮助 B 组到班上喝水、如厕，并背好书包返回新礼堂。

师：刚才当你是一位盲人的时候，你做事情顺利吗？为什么？你遇到了什么困难？在路上你碰到了什么？你当时怎么想的？

---

① 设计指导者：饶淑园、周洁；设计者和执教者：惠州市机关幼儿园熊月娜。

（幼儿谈感受、讨论。）

师：刚才你在帮助盲人的时候遇到什么事情了？帮助了别人，你心里怎么想的？

（幼儿谈感受、讨论。）

4. 活动小结

刚才当我们都是盲人的时候我们都遇到了很多困难，心里会害怕，会担心，会难过。如果我们在生活中遇到了盲人，应该怎么做？

（幼儿讨论。）

5. 教师总结引导

6. 活动延伸

用蜡笔把“盲人的感受”画在涂鸦墙上。

注意事项：（1）参加活动人数不宜太多；（2）确保孩子的安全。

观看《感受盲人世界》视频，学习如何运用情感发展活动模式。

三、技能训练活动模式

其活动程序为：示范—练习—反馈—再练习—内化。

这种活动模式适用于人际交往技能训练、放松技能训练等。它的特点是结合生活实际，通过多媒体或教师、幼儿的正确示范，并配合讲解，让幼儿进行模仿练习。可以根据活动内容，安排两个幼儿互相练习，也可以以小组为单位练习。在练习过程中，幼儿得到来自同组幼儿或教师的指导，不断修正自己的行为，通过反复的练习内化成自身的行为模式。

阅读《技能训练活动模式案例》，学习如何使用技能训练活动模式。

四、心理健康教育活动模式的特点

心理健康教育的活动模式是在一般课堂教育活动模式的基础上构建的，但心理健康教育活动有其自身的独特性，和其他活动模式不完全一致，它既遵循一般课堂教学活动的规律，又有自己的特点。下面归纳出心理健康教育活动模式的六大特点。

（1）心理健康教育活动以培养或训练心理品质为主要活动目标。与一般的学科教学模式不同。

（2）坚持幼儿主体性原则，强调充分发挥幼儿的主动性。心理健康教育活动一般坚持幼儿主体性原则，强调充分发挥幼儿的主动性。在活动过程中，一般要求以幼儿的需要和特点为出发点，活动内容尽量围绕幼儿存在的实际问题来进行，以此来激发幼儿的参与兴趣和主动性。活动中教师要尊重幼儿的主体地位，鼓励幼儿“唱主角”。强调幼儿的主体性，并不是反对教师的主导作用，教师的主导作用主要体现在活动设计以及活动过程的组织上。教师在设计活动上，要尽量安排符合幼儿实际需要的内容，设计好问题情境，留给幼儿发挥想象力和创造性的空间；在活动过程中，教师要鼓励幼儿发表意见，表达真情实感，努力探索解决问题的方法。教师要善于提出有启发性的问题，多用鼓励性、对话的方式，尽量避免使用命令式的、灌输式的口吻。

（3）强调情境性、体验性。心理健康教育活动强调幼儿通过自身去感知、理解、感悟、验证活动的内容。教师应根据不同的活动内容，设计出不同的体验情境，让幼儿在不同的情境中内化知识、升华情感、积累经验、提高能力。

（4）重视幼儿的实践操作性，主张“做”中学。心理健康教育活动一般都重视幼儿的实践操作，主张“做”中学。因而教师在设计心理健康教育活动时，不再是单纯的理论讲授，而是为幼儿提供各种实践的机会。心理品质的形成不仅需要认识上的提高，而且需要情感态度上的改变，更需要相应行为方式的形成。因此单纯从知识入手的活动往往使幼儿的知与情、知与行分离，难以培养幼儿知、情、意、行有机结合的良好的心理品质。在活动过程中，只有让幼儿通过参与丰富多彩的活动，获得充分的心理体验，才能有效地促进幼儿知、情、意、行的统一，培养幼儿良好的心理品质。

（5）强调交流、互动与分享。心理健康教育活动一般都强调幼儿与教师、幼儿与幼儿之间的交流与互动。传统活动模式一般是以教师活动为主，师生之间的交流互动较少，幼儿处于被动地接受知识的地位。心理健康教育活动则要求充分发挥幼儿的主动性，不仅强调幼儿与教师之间的互动，也注重幼儿与幼儿之间的交流。

（6）提倡营造自由温暖的、支持性的、安全的心理环境。在这种环境下，幼儿没有心理负担和压力，可以大胆、充分地表达自己的想法，不用担心他人的否定。此种环境的形成，教师起关键作用。如果教师充分理解、尊重幼儿，以平等、民主与和蔼可亲的态度对待幼儿，以营造良好的环境氛围。在活动过程中，教师要鼓励幼儿积极表达自己的想法，悦纳不同的意见，容许幼儿说错话和犯错误。

本章小结>>>

本章主要涉及的内容是幼儿园心理健康教育活动的设计。要考虑设计的活动目标、活动内容、活动情境、活动方法、强化练习和效果评价等；幼儿园教师要以活动目标为导向，正确选择适宜的活动内容，同时又需要把这些内容和要求转化为可操作的具体实践过程，撰写活动方案。幼儿心理健康教育活动可采用认知活动模式、情感发展活动模式、技能训练活动模式。

思考与练习

结合本章学习，撰写一份幼儿心理健康教育活动方案，格式如表7-2所示。

表7-2　幼儿心理健康教育活动方案

系别		姓名		班级	
学号		提交日期		成绩	
要求	1. 针对不同年龄阶段的幼儿，围绕主题，选取活动 2. 应有活动方案的基本内容 3. 应为原创作品，若参考其他资料要进行必要修改，并标明出处				
活动主题 【设计意图】 【活动对象】 【活动目标】 【活动方法】 【活动准备】 【活动过程】 【活动小结】 【活动反思】 【活动延伸】					

项目实践

学生将自行设计的活动方案进行试教。具体做法如下。

1. 分组试教。4～6人为1组，每人把设计好的活动方案在小组内试教，开展自评和同学互评。

2. 集体研讨。在分组试教的基础上，每组选出优秀代表在全班进行展示，师生对试教内容共同研讨，并进行评价。

3. 有条件的学校可在幼儿园直接试教。

第八章 幼儿心理健康教育活动设计案例

人们以为自己知道自己行为的原因是什么，其实许多行为的原因人们并不知道。

——行为主义学派代表斯金纳

知识导图

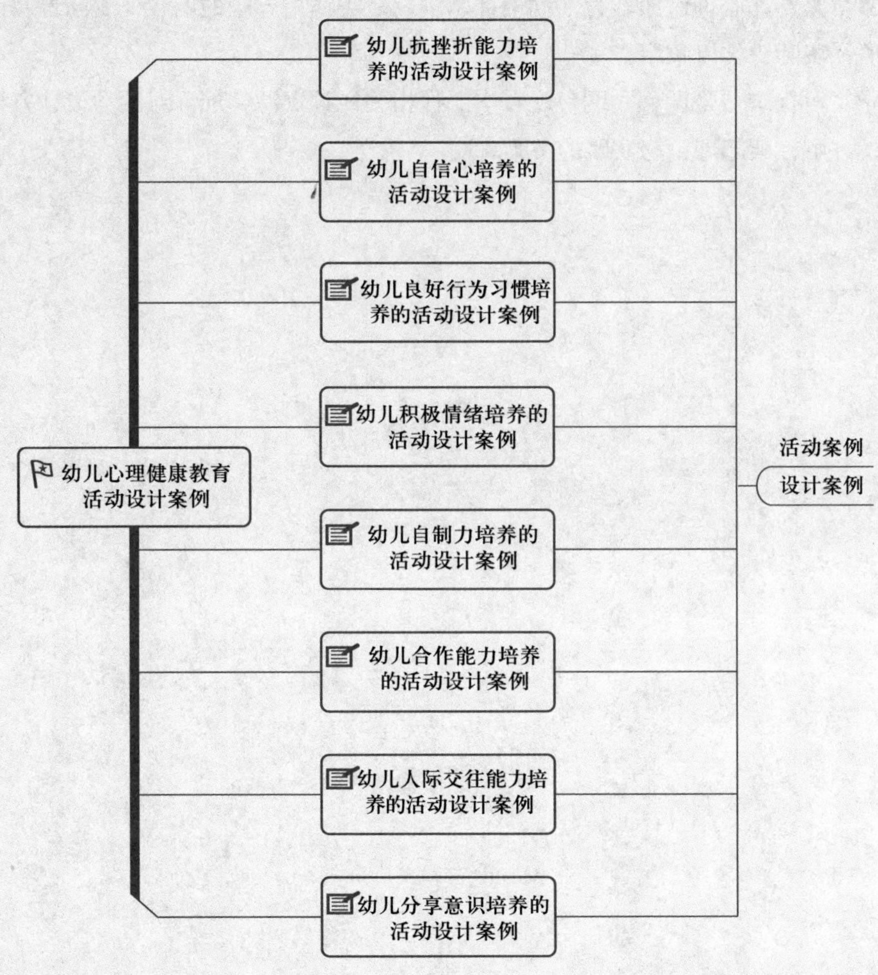

学习目标

- □ 了解：抗挫折能力、自信心、行为习惯、积极情绪、自制力、合作能力、人际交往能力、分享意识等核心心理素质培养的一般活动方法。
- □ 掌握：抗挫折能力、自信心、行为习惯、积极情绪、自制力、合作能力、人际交往能力、分享意识等核心心理素质培养的活动设计。

学习建议

- □ 本章是核心心理素质培养的活动设计示例，有了前面理论学习的基础，学生可以采用自主学习的方式进行学习。
- □ 本章为幼儿心理健康教育活动设计示例，是实践指导篇的内容，要注意理论联系实际，学以致用。
- □ 学生可登录“爱课程”网，观看本课程相关视频资源，加深对活动设计方案的理解，架起理论与实践的桥梁。

本章主要展示幼儿核心心理素质培养的教育活动设计案例，主要包括：抗挫折能力、自信心、良好行为习惯、积极情绪、自制力、合作能力、人际交往能力，分享意识等。设计案例分为两部分：首先展示一般活动示例，然后展示具体教学活动设计案例。

第一节 幼儿抗挫折能力培养的活动设计案例

活动1：三浴锻炼

根据幼儿的年龄特点、四季气候的变化，定时让幼儿进行日光浴、空气浴和水浴。这对增强幼儿的体质，提高幼儿的抵抗能力，培养幼儿的意志力有十分重要的作用。

活动2：棋类比赛

老师在区角可以放置各种的棋类，如斗兽棋、跳棋、飞行棋、五子棋、围棋、象棋等，并教授幼儿各种棋类的基本玩法。每天在课间或饭后让幼儿自由选择玩棋，也可定期举行“棋友会”“棋盘高手”等比赛活动。棋类游戏活动不仅能促进幼儿的思维发展，还能让幼儿了解胜败都是常事，输赢都是暂时的。

活动3：值得我们尊敬的人

每个月讲述一个榜样人物的故事。幼儿喜欢模仿，善于模仿，一旦有了榜样，他们会模仿榜样的行动，并进行比较，找出差距，明确努力方向。利用古今中外的典型人物在挫折中成才的事例潜移默化地影响幼儿，可以是张海迪、桑兰、贝多芬等。也可以是幼儿身边的人，如失聪的哥哥勤奋学习，考上大学；下岗工人再就业；等等。可以在班上设一个榜样人物角，把榜样人物的事迹用图片等形式进行展示，便于幼儿日常受到挫折时在榜样角找到鼓励。

遇到困难我不怕

一、活动目标

1. 在了解困难挫折的基础上，幼儿培养抗挫折承受力。

2. 幼儿正确面对困难和挫折。

二、活动对象

5—6岁（大班）幼儿。

三、活动准备

精美食品5份,15份交换卡。

四、活动过程

1. 开始部分:听一听,想一想

老师讲一则小故事:“小志真的成功了”。

小志的小手很灵活,平时的手工作业完成得很漂亮,经常受到老师和同伴的表扬。“六一”国际儿童节快到了,幼儿园准备举办一次手工作品展,让每一位小朋友都制作一个作品交上来。小志也很认真地做了。但没料到,小志的作品落选了。而平时水平不如他的小朋友却选上了。小志心里非常难过,忍不住哭了,哭过之后,他就去问老师:“为什么我的作品没有选上呢?”老师告诉他,因为不够细心,他的手工作品在制作过程中出现失误,没等到展出就散架了。于是,小志知错就改,平时做手工更加用心了。功夫不负有心人,举行第二次手工作品展时,小志的作品得了全园第一名。

小朋友们听完这则故事后,想一想小志刚开始是怎样想的?后来他又是怎样去做的?结果是怎样的?你觉得小志这样做对不对?

2. 中间环节:玩一玩,想一想

组织幼儿玩“寻找糖果交换卡”的游戏。提出游戏规则:

(1)限时5分钟,在活动室内四处寻找事先藏好的“糖果交换卡”。

(2)糖果交换卡有圆形、三角形、正方形和长方形四种形状。只有拿到圆形卡的才能到老师处换取糖果。

(3)对没有找到圆形卡的幼儿给予引导,例如:“你们现在没有找到圆形卡,心里一定很不开心,这就是一种挫折。碰到这种情况该怎么办呢?从小志的故事中我们已经知道了遇到挫折时,应不怕困难,争取今后的胜利。”鼓励幼儿重新寻找,争取成功。

3. 结束部分

总结正确对待挫折的方法:不被困难和挫折吓倒,勇敢地面对。通过不断的努力,最终成为一个胜利者。

阅读《羚羊的故事给孩子挫折教育的启示》,理解挫折教育的意义。

第二节　幼儿自信心培养的活动设计案例

活动1：新闻广播

每周一回园的晨间活动中，让幼儿与大家分享自己的所见、所闻、所知。对大班的幼儿，老师可提前在上周五确定一个主题内容，例如汽车、叶子、玩具等等，要求幼儿回家和父母一起寻找与主题相关的资料，在这个过程中，幼儿积极主动地参与了解新知识内容，丰富对主题内容的了解，然后周一把这些自己知道的事情带到幼儿园来分享，从而在开展活动中拥有表现的资本。这个活动不仅给幼儿提供了一个表现自我的机会，还可以培养幼儿关心周围事物的习惯，增强自信心。

活动2：小小展示台

老师可定期开展各类展示活动，如“我是歌唱家”“我是故事大王”“我会念儿歌”“我是小画家”“我是谜语大王”“我是播音员”“我是生活小能手”等。这些活动形式可以是班级活动，可以是混班活动，也可以是亲子活动。让有特长的幼儿能充分展示自己的特长，从而获得自信。

活动3：比赛喊口号

老师可以先设计一句口号，如“我是一个勇敢的人！”并大声喊出来。幼儿按接龙的形式每人说一句。如“我是一个有礼貌的人！”“我是一个讲卫生的人！”“我是一个敢于大声说话的人！”“我是一个爱动脑筋的人！”等等。也可以是用同一句口号，大家分别尝试用不同的语速、声调、节奏、语言等大声表述出来。这个游戏能够让幼儿发现自己的优点，并大胆表现自己的优点，增强自信心。

独一无二的我

一、活动目标

1. 感受人的不同，知道自己是独一无二的。

2. 愿意自己动脑筋，和别人有不同的想法。

3. 对自己的与众不同感到自豪，乐意观察和发现周围生活中的人和事。

二、适合对象

4—5岁（中班）幼儿。

三、活动准备

镜子、相片、记录卡、画笔。

四、活动过程

1. 引入

老师：大家能说说你们的生日是几号吗？

小结：每个人都有一个特别的纪念日——生日。我们每个人的生日不同，出生时的情形也不同，那是一个值得纪念的日子，从你出生的那一刻起，你就成为了这个世界上独一无二的个体。

2. 寻找独特的我

（1）不同的样貌。老师："我们用镜子看看自己，对着镜子照一照，说说自己脸上都有什么器官，它们有什么作用？再和你的同桌一起照镜子，看看我们的五官是一样的吗？"

（2）不同的名字。老师："我看看是不是所有的人都会来幼儿园了，点到名字的小朋友就用不同的方法告诉我一声。（老师点名）×××，你怎么知道我在叫你呢？我叫其他人的时候你怎么不回答我呢？为什么？原来我们每个人都有不同的名字，如果每个人的名字一样，会怎样？"

（3）不同的声音。老师："我们的说话的声音一样吗？""有没有别人的声音和自己一样？让我们试试看！"组织幼儿玩语言游戏"请你猜猜我是谁"，让幼儿凭声音判断出同伴，并思考为什么能够猜得到，有没有别人的声音和自己一样。

（4）不同的喜好。分别请几位小朋友用自己最好听的声音唱一首歌曲。唱完后老师追问："你为什么要唱这首歌？除了喜欢唱不同的歌以外，你们还喜欢干什么？"请幼儿说说自己最喜欢的事或物。老师对幼儿个人的喜好表示激励与赞赏。还可以请幼儿说说自己最喜欢自己身体的哪个部位。

（5）不同的想法。利用图片、录音等设计一些情境：小兔子掉进洞里了，怎么救它？手帕找不到了，怎么办？和妈妈上街走丢了，怎么办？让幼儿进行讨论，动脑筋，想办法解决问题。

3. 活动延伸：通过记录，认识自我

引导幼儿观察记录，在记录表 8-1 中写上自己的名字，贴上自己的照片，并到体重秤和身高仪处请老师帮助测量，并记下数字，然后画上代表自己喜欢的食物、动物、爱好等。

表 8-1 "独一无二的我"记录表

我的名字	我的照片	我的体重	我的身高	我爱吃的食物	我喜欢的动物	我的爱好

（设计者：广州市育才第二幼儿园　刘嫚娅）

第三节　幼儿良好行为习惯培养的活动设计案例

活动1：自己吃饭我真棒

为了培养幼儿良好的吃饭习惯，老师可以教幼儿朗诵儿歌《自己吃饭我真棒》：小朋友，来吃饭，坐端正，手扶碗；小筷子，本领大，吃饭夹菜全靠它；不剩饭，不挑菜，自己吃饭我真棒。接着，出示教具图，请幼儿看看图片中的小朋友是怎么吃饭的，再请幼儿学习。

活动2：良好习惯大家学

老师把幼儿日常的一些（良好或不良好）行为习惯录下来，播放给幼儿们看，请他们说说对这些行为的看法。这些行为可以是：（1）见到老师主动问好；（2）午睡时间，和旁边的小朋友不停地聊天；（3）插队；（4）随地扔垃圾；（5）在玩完玩具后将其放回原处；（6）自己穿衣服、穿鞋袜。

案　例

随地吐痰不卫生

一、活动目标

1. 知道随地吐痰是不卫生、不文明的表现。

2. 结合图片讨论，了解随地吐痰会传播病菌，危害人体健康。

3. 养成不随地吐痰的习惯。

二、适合对象

5—6 岁（大班）幼儿。

三、活动准备

幼儿随地吐痰的图片、病菌传播路径的图片或视频。

四、活动过程

1. 引入

（1）展示图片，让幼儿回答：图上的小朋友在干什么？这样做对吗？为什么？

（2）结论：我们不能随地吐痰，随地吐痰是不文明、不卫生的行为。

2. 老师引导幼儿参与讨论

（1）在我们的痰里面，有什么？

（2）你知道痰里面的病菌是怎样传播的？

（3）老师展示病菌传播路径的图片或视频（大致内容为：如果随地吐痰，痰被风吹干后，痰中成千上万的细菌就会飘到空气中；如果在呼吸过程中吸入这些细菌，就容易生病。）

3. 组织幼儿讨论

讨论主题：如果你有痰，怎么办呢?

老师总结：（1）可以把痰吐在厕所里，用水冲掉；（2）随身携带面巾纸，将痰咳到纸中，团住后扔进垃圾桶；（3）如果碰上伤风感冒，痰比较多，还应该再准备一个小塑料袋，把吐过痰的纸巾包装在里面，再扔进垃圾桶。

4. 活动结束

老师总结：每个小朋友都要自觉养成不随地吐痰的习惯。

第四节　幼儿积极情绪培养的活动设计案例

活动1：积极能量贴

老师准备一些向日葵形状的磁贴，告诉幼儿们这是有魔力的积极能量贴，如果你遇到什么不高兴的事情，就把积极能量贴贴到磁力黑板上，贴一张就增加一份开心能量。当为班级或小朋友做一件好事时，就会获得一张积极能量贴的奖励。

活动2：心情清道夫

老师说："我今天是清道夫，把你们心里的垃圾都要扫干净，等一会请你们自愿前来表演出最近不好的心情，现在闭上眼睛先想一想。"老师请幼儿躺下，放音乐片刻，坐起来，请一位幼儿先开始。要求幼儿表演时用表情说明自己的心情：生气、难过、悲伤等。老师提示不同的情绪，鼓励幼儿用动作表明发生了什么事。等幼儿一一说完后，请每位心情不好的幼儿揉一个纸团用力丢进老师的垃圾袋里，再一起把垃圾袋丢到垃圾桶。

心里的小鼓响咚咚

一、活动目标

1. 初步认识身体器官与情绪的关系，知道自己有高兴、伤心、愤怒等基本情绪。

2. 初步体验自我与他人的关系，以身体接触建立亲密关系。

二、适合对象

4—5岁（中班）幼儿。

三、活动准备

小鼓一个，轻柔的音乐。

四、活动过程

1. 音乐引入

老师和幼儿复习歌曲《小鼓响咚咚》。

老师：我们刚才唱的小鼓是怎么响的？我们的身体里，也有个小鼓，你们知道它在哪里吗？

幼儿相互听听心跳声，感知“小鼓”的存在。

引导幼儿建立“心情与小鼓”的联系。

老师：心里的小鼓是你最好的朋友，你开心它也高兴地唱着歌，你生气它也生气大叫，你难过它也跟着难过……

2. 讨论

老师：什么时候心跳会加快？什么时候会让你心跳速度平稳？你心跳加快时，有什么方法让你情绪慢慢恢复？心跳太快、太慢和我们身体有什么关系？你贴在小朋友的胸膛上和被小朋友贴近的时候感觉怎么样？你和你同伴以前有没有这么亲近过？

3. 调节情绪

老师放着轻柔的音乐，请幼儿放轻松躺在地上，跟着老师“吸气”“吐气”。呼吸可以有快有慢。两个小朋友一组，互相聆听对方的声音。交换同伴，以此重复。

第五节 幼儿自制力培养的活动设计案例

活动1：我们都是木头人

游戏儿歌：我们都是木头人，我们都是木头人，不许说话不许动。看谁露出大门牙。

游戏时要边念儿歌边自由做动作。念完儿歌后，定住不动，也不能发出声音。如果谁动了或发出了声音，就必须把手伸给同伴，而同伴则拉住他的手说：“本来要打千万下，因为时间来不及，马马虎虎打三下。”然后在幼儿的手心拍三下，游戏结束。

活动2：我是雕像

一位家长发指令，另一位家长和孩子一起做游戏。游戏开始前，幼儿和家长可以自由活动，当发出“我是雕像”的口令后，游戏者必须像雕像那样定住一动不动，雕像的姿势可以各种各样，可以是各种人物的定格动作，也可以是鸡、鸭、兔、羊、马、鱼、小鸟等各种动物的定格动作。如果谁先动了，谁就要被换下。

我能忍一忍

一、活动目标

1. 理解并懂得忍一忍、坚持到底对成功的重要。

2. 在实践活动中表现出克制、忍耐的行为。

二、活动对象

5—6 岁（大班）幼儿。

三、活动准备

各种幼儿喜爱的零食，如饼干、糖果、薯片、果冻、紫菜片等。

四、活动流程

1. 实践体验

（1）活动：教师让孩子们自己选一样最喜欢的零食放在面前，告诉他们老师有事要暂时离开教室，在此期间零食可以马上吃掉，也可以等老师回来再吃，但如果能等老师回来再吃的话，他们可以额外再得到一份零食作为奖励。老师 5 分钟后回到教室。

（2）讨论：刚才在面对美味的零食时，能看却不能吃，你是怎样想的？

对那些等到老师回来再吃零食的幼儿予以表扬，并奖励另外一份零食。

2. 分享交流

请幼儿介绍自己平时忍住诱惑或没有忍住诱惑的不同结果。

教师小结：现在我们知道，遇到想做又不能马上做的事情必须想办法忍一忍，鼓励自己坚持下去，只有这样才能把该做的事情做好，从而获得成功。

3. 活动延伸

通过和其他小朋友一起玩、请家长配合在家布置任务，设置个别适宜的诱惑内容并诱惑幼儿等一系列实践活动来进一步提高幼儿的抗诱惑能力，巩固教育效果。

阅读《从小学习“控制自己”》，理解从小培养幼儿自控能力的意义。

第六节　幼儿合作能力培养的活动设计案例

活动1：集体作画

引导、组织幼儿进行小组作画，在这当中幼儿必须学习相互协商，相互配合，分工合作，只有这样他们才能在构图上、色彩上、内容上协调一致，共同创作出一幅幅美丽的图画。

活动2：合作演戏

可以提供一个幼儿感兴趣的故事剧本，然后组织全班幼儿进行分角色扮演，老师在一旁给予适当指导，使每位幼儿把自己的角色演好，这样的集体活动使幼儿既玩得开心，同时使他们之间通过相互配合、友好合作、共同协商等，树立基本的合作意识。

夺宝奇兵[①]

一、活动目标

1. 认识到通过团队协调活动，可以又快又好地完成任务。

2. 体验合作交往成功带来的快乐情感。

3. 初步尝试学习分工、合作等人际交往的方法。

二、适合对象

4—6岁（中班第二学期成大班）幼儿。

三、活动准备

1. 幼儿有分组合作游戏的经验。

2. 每组四个信封，内装信息条；宝贝四份，藏在两处；四份制作队旗的材料；藏宝处的环境布置。

四、活动过程

1. 引发兴趣、分组、交代任务

（1）老师："今天，老师邀请你们玩一个游戏，叫'夺宝奇兵'。我们分成四组，每组有一个老师帮助你们。"（介绍随队老师。）

（2）介绍活动程序、线路图。

2. 取队名、制作队旗

老师："请小朋友们为自己的小队取好名字，写在纸上做成队旗。五个小朋友一起行动，人走到哪里，旗帜就带到哪里。"

---

① 徐德荣，徐晓虹，邵静芬. 幼儿心理健康教育互动40课[M].上海：上海科学技术文献出版社，2008：134-141.

3. 进行分组历险

第一关：猜谜。每组从随组老师手中拿出一个信封。“会走没有腿，会说没有嘴。它会告诉我们什么时候起，什么时候睡。”（谜底：时钟。）

在谜底处找到第二个信封。

第二关：找带标记的门。从班级所在位置（三楼）逐层找带标有*标记的门，在里面寻找第三个信封。

第三关：看图做事。每人拍球100下或跳绳50下。做完事情后，跟随带队老师取第四个信封。

第四关：拼图。拼图上显示的地方就是藏宝藏的地方。

第五关：寻找宝藏。按图索骥，寻找宝贝，分食宝贝（糖果），分享成功的快乐。

4. 交流活动经验及体会

谈谈自己在活动中难忘的细节、自己的感受及解决问题的方法。

第七节　幼儿人际交往能力培养的活动设计案例

活动1：我是礼仪小卫士

让幼儿轮流做礼仪小卫士：每周一戴着光荣的绶带站在门口，和老师一起迎接来园的小朋友和家长。在这过程中，礼仪小卫士学会了用礼貌用语主动地和别人打招呼，活动不仅能锻炼幼儿的语言能力和交往能力，同时也能丰富幼儿的礼仪知识。该活动可以在本班开展，也可以是面向全园，适合中、大班幼儿。

活动2：混龄班活动

通过开展多种形式、多项内容的混龄游戏活动，为幼儿提供更多与异龄幼儿交往的机会。例如，“迎新生混龄活动”：大班幼儿帮助小班幼儿适应幼儿园班级的生活，帮助弟弟、妹妹穿脱衣服，带领他们参观“我们”的幼儿园、参观“我们”的新班级等。“混龄运动会”：不同年龄的幼儿组合开展运动竞赛活动。低龄幼儿在哥哥、姐姐的帮助下，共同参与老师精心设计的运动竞赛活动，如运西瓜、两人马车跑、滚大筒、挑扁担……还可以是一些平日常规的“混龄娃娃家”“混龄户外体育活动”等。

活动3：穿越树林

老师通过设置各种障碍物代表树林，幼儿两两合作，其中一个扮演盲人，“盲人”在朋友的帮助下顺利穿越树林。一次游戏过后，幼儿可以调换角色，重复游戏。老师及时提醒幼儿慢慢走，照顾好朋友，不要碰到小树。通过游戏，帮助幼儿增加对同伴之间的关爱和信任，也让幼儿体验信任与被信任的快乐。

案　例

好朋友，拉拉手

一、活动目标

1. 通过活动初步懂得有朋友是幸福的。

2. 能用简单的话语介绍朋友的特点，了解每个人都是独特的，都有自己的优点和缺点。

二、适合对象

3—4 岁（小班）幼儿。

三、活动准备

音乐《找朋友》。

四、活动过程

1. 音乐导入游戏

老师带领幼儿复习音乐游戏《找朋友》。

2. 谈话

老师：你为什么找他做你的好朋友？你和他玩过什么游戏？找到朋友的心情是怎么样的？你还有其他的好朋友吗？

3. 介绍自己的好朋友

老师：我们每个人都有自己的好朋友，他可能是你的同伴，也可能是邻居家的哥哥、姐姐和弟弟、妹妹，也可能是我们的爸爸、妈妈，还可能是我们的宠物。现在请你介绍一下你的朋友，他是什么样子的？

4. 游戏活动

做游戏“我和朋友在一起”。老师播放音乐《找朋友》，音乐停后，幼儿和自己的好朋友做各种动作：拉手、拥抱、搭肩等，并对好朋友说“我们都是好朋友，相亲相爱在一起”；老师做拍照状。

5. 小结

老师：我们都有自己的好朋友，我们相互团结，相互帮助，一起唱歌、跳舞、做游戏，不吵闹，不打架，相亲相爱在一起。

（设计者：广州市育才第二幼儿园　刘嫚娅）

第八节 幼儿分享意识培养的活动设计案例

活动1：角色扮演《金色的房子》

请幼儿（尤其是不愿意跟别人分享物品的幼儿）扮演故事《金色的房子》中的主人公小姑娘，让其在角色中体会到孤独与寂寞。通过表演，使他明白分享是一件很快乐的事情。

活动2：分享日

老师根据实际情况在一周中设立一个专门的分享日。比如，“玩具分享日”是让幼儿在这一天将自己喜爱的玩具、书籍等带来与别人分享。再如，“经验分享日”是幼儿这一天将自己的成功经验和近期完成的作品向他人展示，幼儿在展示和讲述过程中，既能产生一种成就感，又会产生一种因分享带来的快乐和满足感，还可锻炼他们的口语表达能力。我们还可以设置“我最爱的故事人物分享日”“漂亮宝贝分享日”等。

玩具分享

一、活动目标

1. 学习并探索与同伴分享玩具的方法。

2. 体验同伴分享的乐趣，增进社会交往能力。

二、活动对象

3—4岁（小班）幼儿。

三、活动准备

1. 视频《金色的房子》。

2. 让幼儿在活动当天自带一件玩具。

四、活动过程

1. 观看视频《金色的房子》

2. 讨论交流

请幼儿（尤其是不愿意跟别人分享物品的幼儿）谈谈，故事中的主人公小姑娘为什么会感到孤独？如果她想拥有朋友，应该怎么做？

3. 实践体验

幼儿把自己带来的玩具拿出来，分别介绍自己玩具的玩法。老师引导幼儿按照刚才学习的办法，大家一起玩玩具。

4. 分享总结

在分享玩具的过程中，你有什么感受？以后你会怎么做？

本章小结>>>

本章主要展示幼儿核心心理素质如抗挫折能力、自信心、良好行为习惯、积极情绪、自制力、合作能力、人际交往能力、分享意识等培养的教育活动设计示例，包括一般活动示例和教学活动设计案例，为理论学习与实践操作架起桥梁。

思考与练习

1. 就幼儿心理健康教育的核心心理素质培养设计2～3个教育活动项目。

2. 模仿本章示例，设计1个幼儿心理健康教育的课程教案。

项目实践

收集开展幼儿的抗挫折能力、自信心、良好行为习惯、积极情绪、自制力、合作能力、人际交往能力和分享意识等活动的资料，全班同学进行分享，可积聚成“××班·幼儿心理健康教育活动示例资料集”。

第九章　心理环境的创设

心理健康问题，根源于家庭，形成于社会，表现于学校。

——心理学家张春兴

知识导图

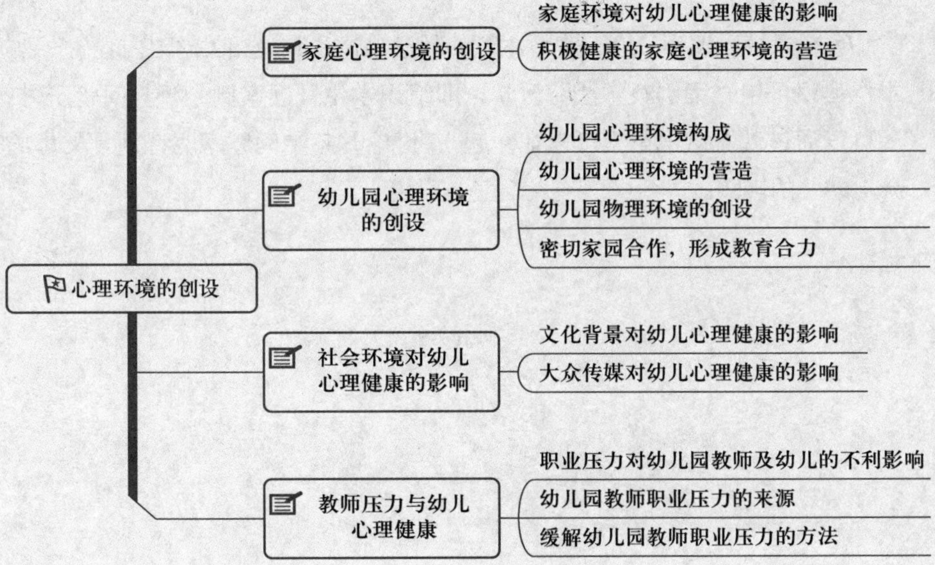

学习目标

- □ 理解：家庭心理环境对幼儿心理健康的影响。
- □ 掌握：幼儿园健康心理环境的营造。
- □ 了解：社会文化环境对幼儿心理健康的影响、教师压力与心理健康的关系并知道如何排解压力。

学习建议

- □ 本章内容对已有心理学基础和儿童发展心理学基础的学习者而言，可采用自主学习的方式。
- □ 学生可登录“爱课程”网，观看本章的教学录像和其他相关学习内容。
- □ 本章建议采用“案例教学法”教学，即组织学生开展案例分析与问题研讨。还可以通过观看微电影《可以在一起》，讨论并总结问题家庭特别是父母离异对幼儿的影响。

美国著名心理学家布朗芬布伦纳创建了生态系统理论（ecological theory）[①]，从微观系统、中间系统、外层系统、宏观系统、时间系统等角度阐述了影响儿童发展的因素，从全新的角度揭示了在解决儿童发展过程中的各种问题时，必须考虑不断成长中的个体与其所处的环境之间的相互适应问题。这五个层次是从外界"环境"对儿童发展进行分解的，从微观系统到宏观系统，对儿童的影响也是从直接到间接的。

第一节　家庭心理环境的创设

家庭是孩子的第一所学校，家长是孩子的第一任老师，家长的一言一行对孩子的发展都会产生潜移默化的影响。在早期教育阶段，家庭环境是孩子成长最主要的环境影响因素。因此，良好的家庭环境是幼儿心理健康成长的第一个要素，是铸造孩子良好性格和人格的重要场所。

一、家庭环境对幼儿心理健康的影响

家庭环境包括家庭硬环境和家庭软环境。

家庭硬环境主要是指家庭物质条件及物理环境。家庭硬环境是儿童心理健康发展的重要条件和基础。研究发现，生活在物质条件好的家庭中的儿童，积极、主动、乐观的健康心理会多一些，自卑、害羞等不健康心理会少一些。当然，这些孩子也会因为生活在这样优越的家庭中，容易滋生出傲慢、自私、依赖等不良心理。家庭的经济条件差可能对幼儿的心理健康造成两种后果：一种是自幼家境贫寒，但在苦难中养成了积极、独立的健康心理，"感动中国"人物洪战辉就是典型的例子；一种是精神发育不良、品行障碍、青少年犯罪等案例中贫苦家庭孩子比非贫困孩子多。

家庭软环境是指家长素质、家庭结构、家庭氛围、教养方式、家长的期望以及家长的心理状况等。它对幼儿的心理健康有直接影响。

---

① 李胜男，岑国桢.生态环境说、人生历程说［J］.宁波大学学报（教育科学版），2001，23（6）：24-27.

（一）家长素质

家长素质是指家长平时的修养，主要包括两个方面：一是对社会、人生的态度和日常生活中的行为准则，即世界观和思想道德品质；二是理论、知识的水平，即文化素养。

家长的世界观和思想道德品质，在日常生活中表现为追求什么和采取什么手段去追求，即价值取向，它是一个人人格的反映，具有潜在的影响力。

一般情况下，家长的文化素质高，相对而言较为重视子女的教育，教育能力也强，会选择、运用正确的教育方式，还能很好地享受家庭生活，处理好家庭成员之间的关系，有能力调节成员之间的种种矛盾，有高雅的生活情趣，有利于形成良好的生活方式和生活氛围，使子女生活在一个有利于身心健康发展的家庭生活环境中。

（二）家庭结构

随着人们价值观念的急剧变化，家庭结构也随之发生变化。现代社会离婚率不断攀升，特别是在大城市。父母离异，大人精神痛苦解脱了，但孩子却是不幸婚姻的直接受害者。儿童内心的归属感、安全感随着家庭结构的变化骤然消失，随之而来的是亲人离开的痛苦，精神心理疾病的增加。在国外，被父母遗弃的孩子，许多产生变态的心理，精神畸形发展，也有众多的孩子跌入犯罪泥坑。这是父母离异给儿童带来的严重问题。美国耶鲁大学的耶鲁儿童研究中心主任阿尔勃特·索尔尼科认为，离婚是威胁着当今儿童的最严重和最复杂的精神健康危机之一，单亲家庭的孩子往往因缺乏父爱或母爱而心理失衡，他们常常感到孤独、忧虑、失望，往往情绪低沉、心情浮躁、性格孤僻，这种心态如果不及时纠正，久而久之，就会使孩子性格扭曲，心理变态，严重影响其身心发展。

阅读《离婚对幼儿的影响》，了解家庭结构对幼儿心理健康的影响。

（三）家庭氛围

所谓氛围，就是指人所处的环境气氛和情调，它是在某一环境中的人们在相互影响、相互制约的过程中形成的某种心理情绪和环境氛围。良好的家庭氛围，包括家庭关系和谐民主，亲子关系融洽和睦，生活空间舒畅宽松，有利于孩子心理健康成长。在这样的家庭氛围中成长的孩子感受到的是温暖、被尊重、被关心，易形成积极向上、乐观、自尊、自强的心理素质。这种家庭即使有时也会产生矛盾，但在原则问题上是一致的，这样不但使孩子学会了互助、互爱、合作、谅解，多角度看问题和变通地解决问题，而且还能使孩子从中获得安全感，形成乐于接受教育的良好品质。相反，在不良的家庭氛围中，成员之间冷漠无情、自私自利、争吵不休、互相折磨，家庭犹如精神监狱，这样会使孩子变得胆怯、自私、嫉妒、孤独、懒惰、行为放任、不讲礼貌。在这种家庭氛围中生活的孩子心理往往是不健全，甚至是畸形的，他们对人、对事冷漠、偏执、不合作甚至把家中的精神折磨迁移到别人身上发泄，以求心理平衡。这样的孩子容易闹事甚至犯罪，难于接受教育。因此，创设良好的家庭氛围，充分发挥家庭的积极作用，有助于孩子健康心理的形成。

（四）教养方式

心理学大师阿德勒认为，一个邋邋遢遢的、杂乱无章的小孩，在他的背后总有一个随时帮他把东西收拾整齐的人；孩子说谎，是因为他有一个盛气凌人的父亲，他试图用严厉的手段改正孩子撒谎的毛病；孩子喜欢吹牛，也让人看到环境影响的痕迹，喜欢吹牛的小孩子梦寐以求的是别人对他的赞许，而不是成功地做好任何一样工作，在他追求卓越的过程中，他无时无刻不在寻求家长的好评。大量的研究表明:父母教养方式对儿童的认知、人格、社会化和行为问题都有显著的影响。孩子不良行为的背后总会或多或少地透露出父母的教养理念，有什么样的教养方式往往就会培养出什么样的孩子。反社会行为研究专家佩特森等学者所作的一系列结构方程模式的研究表明:不良的教养态度、行为与儿童的反社会行为有着因果关系，家长不良的教养态度和行为是儿童发生问题行为的决定性因素。

（五）家长的期望

“望女成凤”“望子成龙”已成为我国家长的普遍心态。家长没有意识到学习上对孩子的要求过高、生活上过分的照顾、交往上的过分保护，会使孩子产生问题行为，如任性、依赖、被动、不会与人沟通等。事实上，对幼儿过高的期望是对其精神的虐待。

（六）家长的心理健康状况

父母的心理健康水平特别是母亲的心理健康水平同幼儿的心理健康发展水平密切相关。父母患有精神疾病或人格缺陷，会使其子女处于很不利的地位。同父母心理健康的子女相比，这些幼儿产生心理问题的概率会显著升高。第一，父母的心理健康会直接影响家庭的人际关系和气氛，心理健康的父母会为幼儿营造一个人际关系和谐、轻松愉快的家庭气氛。而心理不健康的父母则导致家庭气氛紧张、不和谐。第二，父母的心理特点和健康状况会影响幼儿的培养和教育。父母的心理特点和健康状况不良又会导致有不良的期望和教养方式。

观看《家庭经济条件对幼儿心理健康的影响》视频，了解相关内容。

二、积极健康的家庭心理环境的营造

家长是孩子的第一任老师，家庭对幼儿的一生成长具有十分重要的意义。在一个家庭中，父母对生活充满热爱，个性品质健康向上，会使幼儿生活在积极向上的心理环境之中，造就幼儿良好的个性、健全的人格。研究发现，家庭矛盾及父母离异是焦虑或抑郁产生的主要根源，幼儿健康心理问题的发生，其多数与家庭环境不良有十分密切的关系。因此，家长提高自我修养，为幼儿营造良好的精神氛围，建立良好的亲子关系，这对幼儿身心和谐发展，无疑将起到积极的作用。

（一）提高自身素质，为幼儿的健康成长提供榜样示范

家庭是幼儿社会化发展和心理发展的第一课堂，是制造人类性格的工厂。美国著名心理学家梅迪纳斯和约翰逊认为，孩子是父母的一面镜，父母可以从孩子身上看到自己的童年，看到自己长期未能解决的冲突，看到自己的需要和抱负。幼儿具有很强的模仿能力，父母的言行举止，包括不良行为和习惯，会使幼儿耳濡目染地逐渐养成不良习惯，影响幼儿的健康和发展。一些研究发现，具有不良行为习惯的家庭，如父母有吸烟、酗酒、赌博等不良行为，容易激化家庭矛盾，造成家庭气氛的紧张和对立，他们在教育和管束幼儿时，更容易训斥、殴打或辱骂孩子，致使幼儿心理压力增大，容易出现紧张、焦虑、对立等情绪，所以会比正常家庭的幼儿出现更多的心理问题。因此，父母要学会审视自己，有意识地调整和改变自己的一些不良行为习惯，做孩子行为上的楷模，为孩子成长营造一个良好的精神氛围。此外，父母的个性特征、心理健康状况、亲子依恋程度等也都是家庭精神环境的重要组成部分，都在潜移默化中影响着幼儿的心理发展水平。所以，为人父母者要不断学习，提高自身的心理素质和文化修养，塑造良好的个性特征和积极的心理健康状态，以积极的精神面貌影响子女的成长。

（二）建立良好的夫妻关系，让幼儿生活在安全稳定的家庭氛围中

罗素在《婚姻革命》认为：如果想让孩子长成一个快乐、大度、无畏的人，那这孩子就需要从周围的环境中得到温暖，而这种温暖只能来自父母的爱情。如果父母经常公然地发生冲突，将对孩子十分不利，因为孩子对家中的情绪气氛非

常敏感，能辨别父母是否和睦相处，并且容易感受到父母冲突的负面特质。即使有时父母是以非言语的方式表现其愤怒，如怒视对方，但幼儿也能清楚地知道他们之间愤怒的互动，并产生恐惧、悲伤、痛苦等反应。经常面对父母的冲突，幼儿会变得敏感，因而提高了问题行为的发生频率。所以，要想减少和改善幼儿的问题行为，父母首先要解决的是他们婚姻中面临的问题，营造和谐美满的夫妻关系，让幼儿生活在美好幸福的家庭环境中。

（三）改善不良的教养方式，让孩子生活在一个平等的充满爱和理解的家庭环境中

首先，父母要有意识地培养自己对孩子情感的敏感，让孩子感受到来自父母的接纳和关爱。有研究表明，父母的拒绝否认可以导致儿童的抑郁和焦虑问题。如果父母经常忽视孩子的要求，对孩子的反应缺乏敏感，对孩子缺乏关心，当孩子出现错误时才给予注意或表现出生气、失望、难堪、内疚等情感反应，把儿童的问题或过失归因于儿童自身特性，则孩子表现出任性、反抗、挑衅、攻击性行为和社会性退缩行为的可能性会很高。父母对孩子的拒绝、否认，有的是因为父母脾气暴躁、情感粗糙。他们平时忙于工作或其他事务，与孩子相处的时间不多，对孩子无从了解，因而只有在孩子出现问题时，父母才意识到问题的严重性。有的是因为父母对幼儿缺乏理解，一厢情愿地认为爱孩子就是给他吃好、喝好，或者是给他创设良好的物质环境，却忽略了幼儿情感上的要求。因此，父母要多学习一些幼儿心理发展方面的常识，要懂得孩子在不同的阶段，心理发展上各有哪些不同的需求。另外，父母还要多抽些时间与孩子在一起，有意识地培养自己对孩子情感的敏感。

其次，父母教养态度要尽量保持一致。夫妻二人就孩子的养育问题要经常进行沟通交流，达成共识。如果在某些方面出现分歧，一方也不要急着当着孩子的面训斥或反驳另一方，夫妻二人可以私下里就存在的分歧进行沟通解决。否则当着孩子的面争执，就会使孩子处于不稳定或矛盾的教育氛围中，不知父母谁说的正确，自己该听谁的意见。有的孩子还会在父母的争执中找到逃避问题的借口，时间久了，就会发展成多重心理品质，导致人格或行为上的异常发展。

再次，不用暴力对待孩子。天下父母没有不爱自己孩子的，可是许多父母的爱是一厢情愿、自以为是的。如有的父母认为小树不修不直，孩子不打不成才，棍棒底下出孝子，并且无视孩子身心发展的现实情况，给孩子制订过高的要求，一旦孩子达不到自己的要求，他们便会拳打脚踢，武力相对，还自认为这是爱孩子的一种表现。孰不知父母是孩子模仿的直接榜样，父母若经常对孩子使用暴力和攻击性言行，孩子也会从父母身上习得强烈的攻击性倾向和反社会倾向。有研究曾对807名6—9岁儿童进行调查，结果表明父母对孩子进行体罚，会明显增

加孩子日后的反社会行为。大量研究证明：父母采用从言语训斥到身体惩罚等惩罚方式与孩子高水平的攻击性有显著的相关。还有的研究发现：父母的武力惩罚与学前期幼儿的攻击性行为、过失行为有显著的相关。此外，长期处于父母的暴力下，孩子会感到自己的安全受到威胁，会处于焦虑和恐惧中。所以，父母爱孩子，一定要注意自己爱的方式，不要动不动就体罚或训斥孩子。当孩子出现问题时，父母要冷静面对，仔细查找问题行为的根源，采用适合孩子年龄特征的说理方式对孩子进行教育。即使父母有时迫不得已要使用惩罚手段，也要让孩子明白惩罚的真正原因是什么，并尽可能将惩罚的负面影响降到最低，这样才能使孩子真正地认识和改正自己的错误。

最后，当前要改变育儿观念，走出家庭教育的误区。当代社会家庭教育普遍存在这样的误区：重知识、技能，轻社会适应；重智商开发，轻道德培养；重生理发育，轻心理成长；重物质给予，轻精神抚慰；重近期目标，轻长期目标；重学习结果，轻学习过程。以致虽然在家庭教育上投资不少，但效果并不好。家长的过高期望，带来孩子的无望；过度的保护，带来孩子的无能；过多的指责，带来孩子的无措；过多的干涉，带来孩子的无奈；过分的溺爱，带来孩子的无情。

阅读《家长为何不受孩子尊重？》，了解家庭教育对孩子的影响。

（四）调整家长的期望值，还孩子快乐童年

“望子成龙”“望女成凤”是中国父母的常见心态，尤其是现在，孩子大多是独生子女，家长对孩子寄予了很大的希望，这是可以理解的。但有些家长对孩子期望过高，要求不当，这往往会造成不良的后果。如一些持高期望的家长，不了解幼儿的年龄特征，超越幼儿的身心发展水平，急于求成，违背了发展和教育规律。

是孩子记性差吗？

有一次被一个幼儿园邀请去给家长开讲座，结束前有十多分钟的互动活动。有个家长问我：饶教授，我的孩子记性好差，我今天教他 3+4=7，第二天问他就说忘记了。我问她是怎么教的？她说，我把算术题写在本子上，指着“3+4=7”告诉孩子，然后要他写了 20 遍，第二天问他 3 加 4 等于几。他茫茫然地说不知道。

这是家庭教育中比较典型的教育问题，即不了解幼儿身心发展特点和教育规律，用小学化的方法教育幼儿。

心理学研究表明，幼儿持续注意的时间明显受年龄的限制：3—4岁大约能集中10分钟，5—7岁是20分钟，7—10岁是20分钟。强迫幼儿长时间学习，只会使幼儿从小就“不想学习”，后患无穷，上小学后缺乏学习兴趣和学习动力。小学低年级教师反映，幼儿园学了识字、算术的孩子，开始学习不吃力，但后劲不足，因为对他们来说，一年级的课是在炒冷饭，他们都已经学过了，失去新鲜感，因此上课无心，倒养成不良的学习习惯。

案　例

外婆与外孙女的电话对话

外　婆：甜甜，怎么那么久没来外婆家看外婆？

外孙女：外婆，我很忙啊，没时间。

外　婆：星期六、日呢？

外孙女：都排满了，舞蹈、钢琴、英语、画画……

外孙女：外婆，我好累哦，我什么时候能像您那样退休啊？

这段记录反映出多数幼儿的生活状态。孩子没有玩耍的童年，只有学习的童年。幼儿的这种状态的出现有社会竞争、升学压力的社会大背景因素，但也与家长对孩子的高期望值有关。因此，调整家长对孩子的期望值，还幼儿快乐的童年，这是提高幼儿心理健康水平的重要条件。

第二节　幼儿园心理环境的创设

有研究者对两所幼儿园的幼儿健康状况进行调查时发现，两园所设备和食品质量都完全相同，但是甲园的幼儿身心健康，情绪也很愉快，而乙园的幼儿身心健康状况却较差。迥异的结果使研究者十分困惑，他们经过认真的调查分析之后，终于找到了原因。原来，甲园的保育员态度和蔼，富有爱心，在幼儿吃饭时总是以微笑、鼓励对待和帮助幼儿；而乙园的保育员则对幼儿缺乏耐心与爱心，每逢进食就训斥幼儿，致使幼儿一到进食时就害怕、流泪，甚至小便失禁，进餐时情绪低落，严重地影响了幼儿的食欲及消化吸收，最终对幼儿的身心健康产生不利的影响。[①]

这是一个由不良心理环境造成幼儿身心健康受到损害的典型事例。幼儿园作为幼儿接受教育的主要场所，其环境的优劣对幼儿身心健康的影响毋庸置疑。总体而言，幼儿园的环境大体可以分为心理环境和物理环境。

一、幼儿园心理环境构成

幼儿园心理环境也叫软环境，主要体现在幼儿园的气氛及人际关系等方面，幼儿园的气氛与教师的道德素养、职业意识及业务水平等方面有十分密切的关系。它对幼儿心理及行为产生着实实在在的影响。

（一）教师的道德素养是影响幼儿心理和行为的首要因素

阅读一则幼儿园教师虐童的报道。

案例中颜老师这种严重违背教师职业道德规范的行为实属少数，当然颜老师受到了严肃处理，但她的行为给幼儿心理造成了十分严重的冲击，致使幼儿在很长一段时间内对幼儿园感到恐惧，情绪不能稳定。幼儿园教师应该对幼儿充满爱心与耐心，如果整天阴沉着脸，动不动就对幼儿大声呵斥，那么，幼儿园将被笼罩在压抑的气氛之中，幼儿的心理会被扭曲，情绪也不稳定，甚至出现暴怒、焦虑、抑郁等，且会对幼儿的社会认知、社会情感，如对爱的体验与认知的发展产生极为不良的影响。

（二）教师的职业意识与教学水平是影响幼儿园气氛的另一个主要因素

如果教师的教学生硬、呆板，缺乏激情，不符合幼儿的年龄特点，如果教师

① 张健人.幼儿园环境建设与幼儿心理健康[J].山东教育（中学刊），2000（30）：46-47.

的教学只强调知识的传授而缺乏情感的教育，如果教师只注重自己的教，而忽视幼儿的玩与学，忽视对幼儿兴趣的培养等，那么会使幼儿生活在一种机械、缺乏活力与互动、缺乏情感交流的气氛中，对幼儿的心理健康亦将产生消极的影响。

（三）幼儿园的人际关系是幼儿园心理环境中对幼儿心理健康和行为影响最大的因素

许多研究表明，幼儿与教师之间关系紧张，是引起幼儿心理出现问题最主要的原因。幼儿每周在幼儿园的时间为30～40小时，以每年40周计算，三年与教师共处的时间就是3 600～4 800小时，幼儿大量时间与教师在一起，他们对教师的关注是十分敏感的，教师的一句话，一个动作，一种表情，一个眼神都会对幼儿产生积极或消极的暗示作用。所以，教师稳定的情绪和完整的人格在很大程度上影响着幼儿的心理健康。

同伴之间关系的紧张，也可对幼儿的心理健康产生不良影响，并导致不良行为。研究表明，在幼儿园里，幼儿的攻击性行为常常受到别的幼儿的强化，而被攻击的幼儿常被迫退缩或放弃，攻击他人的幼儿的行为由此得到强化，别的幼儿也易对这些行为进行模仿。在这样的过程中，幼儿还会体验到许多负性情绪，长年累月，将会对幼儿的心理健康造成不良影响。

二、幼儿园心理环境的营造

幼儿园的软环境对幼儿的心理健康影响巨大，因此要注重创建良好的幼儿园心理环境，建立和谐、积极的氛围和人际关系。为此，作为师幼关系中的重要因素，幼儿园和教师应做好以下几个方面工作。

（一）建立良好的师幼关系

幼儿对教师有一种特殊的情感，他们常把教师当作父母的化身，甚至将教师的权威看得比父母还高。幼儿喜爱的教师是和善可亲、耐心、民主、公正、性格开朗的，教师对幼儿的爱抚和关心会增强幼儿对教师的信任感，使幼儿对幼儿园的集体生活产生安全感。这些情感会激发幼儿积极的认知和意志活动，调节幼儿的行为，促进幼儿良好的行为习惯和心理品质的形成。因此，幼儿园教师应时刻注意自己的言行举止，情绪稳定，富有爱心和责任心，体谅并满足幼儿的合理要求。

（二）提高教学水平，创建“安全与自由”的环境

教师要创设一个使幼儿内心感到“安全与自由”的环境。从心理学角度来

讲，当幼儿有畏惧感时，他们的学习欲望就会降低，本应发展的想象力和创造能力被抑制了。“安全与自由”的环境能够激发幼儿的好奇心，引发幼儿的探究与冒险欲望，增强幼儿的自主性和自信心。而要给幼儿创设一个轻松、自由、安全的心理环境，需要教师及时更新教育观念，不断总结经验教训，从而提高心理环境创设的能力和水平。比如，教学中安排的各项活动应适合幼儿的年龄特征和个体差异，教学中应注意为幼儿提供发挥创造力的机会，激发他们的好奇心，鼓励他们提出问题。

一位小朋友告诉妈妈自己不吃鱼丸，原因是：上幼儿园时，有一次午餐吃鱼丸，鱼丸没打碎，还带有很多小刺骨，不但口感差，吞咽时还感觉刺着喉咙。但老师规定不能剩饭、剩菜，强迫我一定要吃下去，我是强行被迫硬吞下去的，那种感觉真难受，当时就想呕吐。从此我不再爱吃鱼丸，看见鱼丸就难受，并想起当时的情景。

案例中老师的做法体现了怎样的师幼关系？

（三）帮助幼儿建立友好的同伴关系

教师可以组织幼儿一起执行大家共同的主张；让每一个幼儿都有同样的机会承担幼儿园各项力所能及的服务工作；安排一些集体活动，鼓励缺乏交往技能或性格内向、行为退缩的幼儿积极参加；让幼儿学习集体生活中的各种礼貌用语等。通过这些活动，使幼儿逐渐学会看问题不仅要从自己的立场和观点出发，还要考虑别人的感受。教师要注意观察每个幼儿的个性特征以及他与同伴之间的关系，鼓励性格内向、行为退缩的幼儿与其他幼儿进行社会交往，对于经常受到同伴拒绝的幼儿要给予个别指导，纠正他们的不适当或异常的行为方式。教师要鼓励幼儿的各种亲社会行为，有助于幼儿之间形成良好的同伴关系。

三、幼儿园物理环境的创设

幼儿园的物理环境是影响幼儿心理健康的另一个方面，它包括幼儿园的自然环境如声、光、绿地、空气等，场舍建设如房屋建筑、玩具、活动场地等，以及幼儿的活动空间。

从幼儿园的自然环境来看，噪音不仅能损害幼儿的主观听觉，还会使中枢神经的调节功能紊乱，导致全身性机能失调，如肠胃功能紊乱、心跳加快、血压波动，产生慢性疲劳和情绪烦躁等。此外，幼儿园室内的采光过差，光照不足，幼儿整日生活在阴暗、潮湿的环境中，会感到十分压抑。

从幼儿园的场舍建设来看，应加强幼儿园的场舍建设，使其符合幼儿的身心发展特点。幼儿园的园舍建筑应有足够的空间，满足幼儿正常的活动及起居的需要。应尽量保证幼儿园及周围的环境空气清新，光线充足，无噪声污染。园内应有足够的绿化面积，以种植花草为主，乔灌木为辅，还可以利用环境进行科学常识教育 比如，种植一些常见的树木和蔬菜。室内外花草树木的栽种，盆景、雕塑和画像的配置，走廊和橱窗的装饰和布置，应烘托出一种促使幼儿积极向上的气氛，有益于幼儿身心健康地发展。此外，为幼儿提供各种既能达到教学目标，又可以满足幼儿身心需要的活动材料、玩具、学习用品等，也是促进幼儿身心健康所必需的。

从幼儿的活动空间来看，幼儿的活动空间是影响幼儿心理健康的重要物理环境因素。人员密度过高的幼儿活动室，有可能使幼儿的攻击性行为增多，社会交往行为减少，不主动参与活动的比率提高。如果幼儿园为了经济效益而一味地扩大招生，使25人左右的一个班扩编到30～40人，将会对幼儿的心理健康造成不良影响。

总之，幼儿园的心理环境与物理环境要达到能保护和增进幼儿的身心健康，使幼儿免受伤害；能满足幼儿的各种生理和心理需要；能促进幼儿动作技能的发展；能为幼儿提供丰富的智能刺激和文化经验；能提供幼儿发展社会交往的机会，使幼儿增强社会交往能力，保证幼儿身心健康地发展。

四、密切家园合作，形成教育合力

心理健康问题根源于家庭、形成于社会、表现于学校，这反映出家庭、社会及幼儿园对于幼儿心理健康的共同影响作用。尤其是作为3—6岁幼儿接触频率最高的家庭和幼儿园两大系统。那么如何实现两者相互配合，形成$1+1>2$的教育合力呢？主要有以下方面。

（一）转变健康观和教育观，形成对幼儿心理健康教育的共识

从幼儿园和教师层面而言，应树立大的幼儿健康教育观，本着为每一位幼儿的身心健康、和谐发展负责的宗旨，培养幼儿喜欢探索、乐于交往、自信、乐观等良好的心理品质，重视幼儿心理健康教育。

哲哲小朋友在幼儿园从来只坐他认准的固定位子，不和其他小朋友一起玩，谁碰他一下他就会乱叫。教师通过家访得知：哲哲从小没有同龄伙伴，父母认为小孩子什么也不懂，平时就很少与他交流、缺乏沟通，哲哲直到3岁才开始说话，语言表达比较困难。教师向哲哲妈妈分析哲哲表现背后的原因，帮助其转变育儿观念，重视哲哲的心理健康问题，针对具体情况教师还向哲哲妈妈提出了几点建议。在教师和家长的共同努力下，经过一段时间的适应，哲哲能主动跟教师打招呼了，也学会了一些与同伴交往的小技巧，语言表达能力也有所提高。从此案例中我们不难看出，有些家长缺乏幼儿心理健康的必要知识，忽视幼儿行为问题背后的原因，因此他们也就不注重对幼儿健康心理的培养，这就需要教师有针对性地转变家长的教育观念，从观念上达成家园对幼儿心理健康教育的共识。

家长在家庭教育观念上还存在许多问题，比如，有的家长认为孩子的知识、技能重于品德、习惯和个性的发展，从而在教育孩子时过度强调知识、技能的教育，缺乏品德的培养。所以，帮助家长树立正确的教育观念是提高家长育儿水平的重要一环，也是第一位的。

（二）搭建多元、平等的家园沟通平台

要使幼儿心理健康教育有效开展，家园双方不仅在教育理念和出发点上要一致，还需要有顺畅的沟通渠道。因此，搭建多元、平等的沟通平台是幼儿园开展心理健康教育活动，实现心理健康教育目的的重要桥梁。幼儿园可以开设家长开放日、亲子活动、节日庆祝活动、家长会等活动，同时利用技术手段，建立家园联系薄、开设网上家长意见箱、开通幼儿园网站、建立家长QQ群或微信群等，充分利用信息化的网络平台，加强幼儿园和家庭的联系。还可以定期举办“家长沙龙”，让家长参与讨论幼儿存在的心理健康行为偏差和解决策略等。鉴于家长资源的丰富性、多样性，“家长助教”也是一种比较好的家园沟通的方式。

在感恩主题教育活动中，班级老师邀请凡凡的妈妈走进课堂，给孩子们讲解妈妈孕育、生产、教养凡凡的过程，凡凡妈妈不负重托，声情并茂地给孩子们讲述，还给孩子展示她做剖宫产的疤痕，让在场的孩子和老师们都感动地流下眼泪。活动结束了，孩子们纷纷和凡凡妈妈拥抱、亲吻，表达自己对母亲的爱。老师布置作业，回家为妈妈做一些力所能及的事情并向自己的妈妈说声：“妈妈，谢谢您！”

家长助教主要是利用家长资源实现家园互动的一种方式，一般是各班教师对各班家长的兴趣、特长、工作特点等进行全面调查，结合实际，邀请家长到幼儿园当“老师”，或让家长提供丰富的社区资源，为幼儿提供社会实践活动。这些方式既能充分发挥家长的作用，又能使家园双方联系更深入、有效。最后，家园双方还可以共同探讨其他比较好的合作方式，也可以借鉴国外幼儿园开放式办园的特点，让家园合作更充分，提高家园合作的层次。

（三）家园共同建立幼儿心理健康档案

建立幼儿心理健康档案是指运用行为观察、心理测试、记录、交谈等方法，收集幼儿个体心理发展历史和现状资料的方法。幼儿园与家庭可以将这些资料积累起来、归档整理，按照幼儿年龄阶段进行纵向的分析比较。通过反复观察、测试，教育者可以了解幼儿在不同时期心理和行为的发展变化，或对某一事件发生的反应变化。对此档案的分析可揭示幼儿个体在心理和行为发展上的规律，以此作为对幼儿个体进行教育的依据，是一种科学的促进幼儿心理健康发展的教育手段。

第三节 社会环境对幼儿心理健康的影响

孟母三迁的故事自古至今成为佳话，孟母懂得选择良好的社会环境以利于孟子成长。社会环境主要是指家庭、幼儿园以外的更大范围的社会文化环境。社会经济、福利状况、风俗民情、伦理道德、宗教信仰等各种因素对幼儿内在的心理品质和行为方式的形成都有重要影响。其中，电视、图书等大众传媒以直观、易于接受的形式对幼儿的心理健康产生巨大的影响，如武打、恐怖片、一些不健康的电视广告、黄色书刊，可能使幼儿产生恐惧、焦虑、攻击性行为等心理障碍和行为问题。

一、文化背景对幼儿心理健康的影响

文化背景是个体生存社会环境中十分重要的方面，它指不同社会、地区、民族或国家中不同的文化倾向。研究表明，父母的民族、信仰的差异会影响其对子女发展的期望，这种影响甚至超出了父母经济地位的作用。

文化因素影响人们对心理健康的认识。同一种行为，在一种文化条件下可以受到人们的广泛关注，得到赞赏或宽容，在另一种文化条件下可能遭到惩罚或非议。一个人的行为同所在社会的主流文化常模和谐一致则被认为心理健康。此外，文化因素也影响心理障碍的表现形式、患病率、治疗方式和愈后状况。有些心理障碍是特定文化的产物，仅见于特定的社会文化环境。跨文化研究发现，中国幼儿和美国幼儿在行为方式上存在较大的差异。中国幼儿守纪律、安静、服从父母和教师吩咐，而美国幼儿好吵闹、攻击、不顺从。这种差异与两种文化背景下的教养方式有关系。中国幼儿的教养方式反映了以社会为中心的中国文化，而美国幼儿的教养方式则反映了以个人为中心的美国文化。

不同文化对人的心理健康有不同的影响。其中有些是健康的，有些则是不健康的。据报道，在美国、英国等文化发达地区，歇斯底里患者较为少见，而抑郁症患者则相当普遍；在文化水平低、文盲较多的地方，如印度、埃及等国家，歇斯底里患者较多，而抑郁症患者则较少。

二、大众传媒对幼儿心理健康的影响

大众传媒具有跨越时空的广度、及时传播的速度、无处不在的深度。随着信息时代的到来，新媒体以适合幼儿心理发展特点和满足其心理需求两大功能，成为幼儿亲密的伙伴，给幼儿的生活带来重大影响。

以美国心理学家班杜拉为代表的学者们认为，大众传媒与家庭、学校、同伴一样是幼儿社会化的重要影响因素，大众传媒给幼儿提供了一幅鲜活的现实画卷，直接影响着幼儿的社会认知、行为方式、性别角色和道德发展等。

阅读《媒体暴力对幼儿的影响》，了解媒体暴力对幼儿的影响。

电视是大众传媒中与人们联系最为密切的。在拥有电视机的家庭中，绝大多数幼儿出生后两三个月就开始看电视。彭聃龄等人的一项研究证明，5岁的幼儿在看电视时能较好地调整注意状态与模式。日本学者通过研究婴儿看电视时的脑电波认为，婴儿看电视也是认识事物的过程。不过，电视也会给幼儿带来另外一些影响。由于幼儿难以区分真实和电视情境，幼儿对暴力电视节目会产生恐惧反应。过多的恐惧反应会造成幼儿适应社会的心理障碍。由于电视没有文字阅读的困难，幼儿畅通无阻地进入了成人的信息世界，在不成熟的时候提前进入成人世界，以致淡化童年，出现早熟。特别是很多幼儿因看电视上瘾而不愿意参加别的活动，尤其是受到挫折时，更会逃到电视机前，从看电视中获得解脱和满足。看电视上瘾会极大地阻碍幼儿去认识自我、认识社会，认识虚拟世界与现实的联系，妨碍幼儿的心理健康发展。

大众媒体中不健康的内容已经成为危害个体心理健康发展的重要因素。由于个体成长发育不成熟，是非判别能力低，自制力差，很容易受各种暴力影视剧、淫秽书刊等不健康信息的毒害，甚至心理变态，误入歧途。

观看《大众传媒对幼儿社会化的影响》视频，了解相关内容。

第四节 教师压力与幼儿心理健康

目前，我国幼儿园教师的职业压力过大已是一个不争的事实，它严重地影响着幼儿园教师个人、幼儿以至整个幼教事业的健康发展。[①]

一、职业压力对幼儿园教师及幼儿的不利影响

过强或过于持久的职业压力，对幼儿园教师自身有直接的负面影响，主要表现在生理、心理和行为三个方面。第一，生理疾病增多。大量的研究表明，过度的压力可以使承受者心跳加快，血压增高，内分泌紊乱，从而导致精力衰竭、皮肤失健、消化功能紊乱，引发胃病、心脏病、中风等疾病。第二，心理上产生不稳定的情绪，影响心理健康。过度的职业压力会引发负面的情绪反应，如莫名的焦虑、压抑、忧郁、暴躁、沮丧、不安、悲观失望等，从而导致幼儿园教师的道德和情感准则削弱，自我效能感下降。第三，消极行为增多。表现为易冲动、精力不济、情感失常、兴趣和热情减少等，严重者在工作中体现为如怠工、体罚幼儿、提前退休等。职业压力对幼儿园教师生理、心理和行为这三方面的消极作用又是相互影响、相互作用和不断恶性循环的。过度的职业压力还会对教师自身产生更深层面的影响——职业倦怠，一旦产生了职业倦怠，就会对幼儿教育工作完

① 刘文，尹华，李想.幼儿园教师工作压力状况及相关人口变量因素调查研究[J].幼儿教育（教育科学版），2007，364(4)：28-32.

全失去热情，甚至开始厌恶、恐惧幼儿教育工作，表现出明显的离职倾向，从而对教育教学质量造成严重的影响。

过强或过于持久的职业压力，对幼儿园教师的消极影响会转嫁给幼儿，影响幼儿的身心健康发展。师幼之间在教育教学过程中相互影响，而其中教师起着主导作用。特别是对于3—6岁这一年龄段的幼儿来说，教师的这一作用更为明显。幼儿正处于身心发展的高速期，如果幼儿园教师自身心理不健全，人格有偏颇，将给幼儿带来直接的负面影响。

二、幼儿园教师职业压力的来源

幼儿园教师职业压力的产生原因有多方面，既有客观的外部原因，也有主观的个人原因，综合来看，导致幼儿园教师职业压力的因素主要来自社会、幼儿园、家长和幼儿园教师个人四个方面。

（一）社会因素

1. 社会地位和待遇低给幼儿园教师带来的压力

幼儿园教师是我国教师队伍中的一个特殊群体，与其他教师相比，堪称“弱势”，它长期处于一个十分尴尬的境地，既需要付出大量的脑力劳动，同时也得付出相当大的体力劳动。据饶淑园对珠三角地区不同性质的幼儿园教师的调查：幼儿园教师每周平均工作44.5小时，其中私立幼儿园48.1小时，超过法定工作时间的40小时；月平均收入1484.33元，其中公立园1826．25元，私立园1142.41元，与他们的期望值相差1000元以上。[①]同时各方面的保障是最不完善的。幼儿园教师没有自己的职称系列，一般最高级别也只能评到“小学高级”，而同时大量的民办幼儿园教师连职称也没有。社会地位不高、工作条件较差、劳动强度大、缺乏福利待遇保障等，都使得幼儿园教师产生一定的潜在的压力。

2. 角色期望高给幼儿园教师带来的压力

随着社会经济的发展，人们对教育的要求不断高涨，对幼儿园教师的角色期望越来越高。幼儿园教师既要是关心幼儿保育，又要是懂教育的教育家，精通琴棋书画的艺术家，积极投身于教学改革的科研专家，做好家园联系的外交家。幼儿园教师被当成一个万能机器人，过高的角色期望值与客观规律相悖，同时也与教师自我价值观产生对抗和冲突，变成巨大的职业压力。

3. 社会变革和教育改革给幼儿园教师带来的压力

随着幼儿教育改革的不断深化发展，教育领域的矛盾日渐明显。教材更新的

① 饶淑园，王红椿.珠三角地区幼儿教师职业压力调查报告[J].教学与管理，2009（2）：26-27.

力度加大，速度加快，先进的教育理念得到广泛传播。幼儿园课程内容日益丰富、复杂。课程目标的日渐整合以及教学方法的灵活多样、现代教育技术手段的纷纷涌入，所有这些，都向幼儿园教师提出了前所未有的高要求。

（二）幼儿园因素

1. 幼儿园“四多”工作带来的压力

所谓“四多”是指：一是案头工作多。案头工作挤占了教师许多休息时间，是导致幼儿园教师工作时间长、工作负担重的最直接的原因。据统计，平均每位幼儿园教师每个学期的案头工作达17种之多，且名目繁多，主要包括教案、个案、摘抄、计划、观察记录、教养随笔、会议记录、科研、工作总结、家园联系、报告请示、演讲稿、各种教具，等等。许多幼儿园教师反映许多案头工作是内容上重复、缺乏针对性的，且案头工作花费了他们许多精力，占据了他们许多思考、吸取新知识的时间和自由创作的空间。据了解，幼儿园教师平均每周投在案头工作的时间都在10小时以上，且有58.25%的幼儿园教师经常在家做幼儿园的工作。二是班级人数多。据调查表明，幼儿园里普遍存在严重的超员现象，即一个班的幼儿人数往往超出定额的5~20个。班级的幼儿人数过多，必然增加教师的工作量，且面对如此多的自控能力极低的幼儿，教师组织一次活动是十分艰辛的，即便是平时活动，几个小时处于吵闹的环境中也是一件十分痛苦的事，何况还要提起十二分精神来以防事故的发生。可见，幼儿园教师的工作压力是十分大的。三是业务学习多。据上级的规定，幼儿园教师每年必须参加一定时间的业务进修，以取得一大堆的证书。要获得这些证书，幼儿园教师必须挤出业余时间参加各类培训。四是开课多，比赛多。如对外开课、参加观摩比赛等活动，此外，还有各级论文比赛、技能比赛、制作教具比赛等，这些使幼儿园教师疲惫不堪。

2. 评价体系的不完善带来的压力

教育评价是幼儿教育工作以及广大幼儿教育工作者观念与行为的导向。教师的工作若得到积极评价，便会以更为饱满的热情和精力投入工作；相反，则会产生心理负担，增加工作压力。然而目前，我国幼儿园教师的评价体系不完善：一是缺乏统一的评价标准；二是评价方式简单划一；三是教育教学过程中过分强调时间和量的积累；四是终结性评价方式使结果基本上体现在对幼儿园教师的奖惩上，没有达到真正的评价目的。这些都给幼儿园教师带来了一定的工作压力。

3. 意外事故带来的压力

据有关学者对珠三角地区幼儿园教师职业压力的调查显示，[①] 安全压力成为经

---

① 饶淑园.幼儿教师的安全压力及其管理对策[J].教育导刊，2012（7）：59-62

济地位和责任压力以外的第三位压力源。中国的幼儿园教育领域甚至整个基础教育领域，安全问题通常采取一票否决制：如果出现一次安全问题，幼儿园所有其他工作也会连带着被否定。这有其合理的一面，它能引起人们对安全问题的高度重视，但却给幼儿园和幼儿园教师带来巨大的压力。幼儿园教师安全责任压力的来源有多种多样，从总体上说，安全义务的职责要求、独生子女的社会现实以及舆论宣传的误导是幼儿园教师安全压力来源最主要的因素。

4. 人际关系带来的压力

影响关系的因素主要是同事、上级与幼儿园教师个人之间的相互认可、评价和支持。要相互给予肯定的认可、正确的评价和适当的支持是不容易的。有些幼儿园的领导还特别擅长利用教师“好胜心”的特点，成天大搞评比，“优胜劣汰”，加重幼儿园教师的压力。

（三）家长因素

家长落后的教育观念阻碍了幼儿教育的有效实施，给幼儿园教师的工作增加了压力。许多家长对教育的认识依然停滞在知识、技能的获得上，对先进的教育理念难以接受，增加了幼儿园教师的工作难度。教师们反映，他们往往需要用许多时间做家长工作，取得家长配合。

家长的高期望给幼儿园教师构成了一定的压力。在我国，大多数家长“望子成龙”“望女成凤”心切，对幼儿园的社会声誉、教学质量、教学环境等都有较高的要求，相应地对幼儿园教师的知识水平、教学能力、教学方法等也有较高期望。这种高期望投射到教师身上，就成为一种较大的工作压力。

开学第一周周末，新招来的张老师正忙于应付小班接孩子的家长。班上的小 A 和小 B 在涌出门口时相互挤压、推打，最后你咬我一口，我咬你一口。其中小 A 的手被小 B 咬得深一些（未出血）。家长心疼宝贝，大声嚷嚷着。张老师害怕得满脸通红，园长也不得不亲自处理此事。首先向家长赔礼道歉，老师还带着水果上门看望孩子。但小 A 的家长不依不饶，提出要去防疫站打疫苗，还要求赔偿精神损失费等要求，折腾了半个月，不知费了多少口舌，才把这件事平息下来。

案例分析：本来，幼儿刚入园五天，幼儿基本的行为习惯、规章制度尚未建立起来，容易出现接园一时的混乱现象（特别是新教师带班）。家长不但没有对此表示理解，还给幼儿园教师施加了额外的压力。

（四）幼儿园教师个人因素

1. 幼儿园教师自我期望值过高

高期望值需要个体付出更大的努力，而竭尽全力仍然无法达到预期效果。因此，自我期望值越高，与现实的冲突越激烈，产生的压力感就越大。幼儿园教师一旦受挫，便会增加心理压力和工作压力。

2. 幼儿园教师能力素质较低

职业压力是工作的要求超出了个人成功应付能力时而形成的一种威胁。当个体文化水平不高、职业能力有限、经验不丰富与职业要求形成落差时，自然就会产生难以应对职业压力感。而随着社会的不断发展和教育改革的不断深入，对幼儿园教师的能力素质要求越来越高，这必然会加重幼儿园教师的职业压力。

3. 幼儿园教师的人格特征

意志坚强、开朗豁达的幼儿园教师对人、对事持乐观态度，自信心强，自控能力好，有上进心，面对困难、挫折更能激发斗志，能很好自我调适工作中的压力。而性格孤僻内向、胆小懦弱的幼儿园教师面对职业压力更为被动、无所适从，从而加重压力。

三、缓解幼儿园教师职业压力的方法

在短期内不能改变外部环境的情况下，幼儿园教师应用积极、良好、有效的方法来应对、迎接压力，甚至化压力为动力，促进自身的成长与发展。

（一）正视压力，与压力和平共处

在幼儿园中，大多数教师都会经历考核、竞赛，这些对绝大多数人都会产生一定的压力，只是有人溢于言表，有人深藏不露。幼儿园教师要有敢于正视压力、能够平心静气地承受压力的态度，才能与压力共处，才能在重压之下化压力为动力、变逆境为机遇。

（二）形成正确的自我认知

人是独立而特殊的个体，只有对自己有深刻的认识，才能帮助自己有效地解除工作压力、生活挫折及内心冲突所带来的困扰。认识自我，包括认识自己的个性、兴趣、优缺点、工作能力及所负担的角色，在正确评价自我的基础上确立适宜的发展目标。很多压力的产生源于缺乏自我认知。自我意识不强的人往往不能从自己的实际情况出发，目标定得太高、太低或过于理想化，最终难以避免挫败，心理失去平衡。只有对自己的认识深刻，合理定位，才能帮助自己有效地解除内心冲突所带来的困扰和工作压力。

（三）有效地管理时间

关注自己的时间是如何应用的，找出自己时间管理上的误区，然后设法改正。学会对一些要求说不；把时间和工作分成小块，改变拖延习惯；根据事情的轻重缓急排出优先次序，并将要做的事情列出清单，一旦这些已确定，就着手去做。运用80/20定律，勇于舍弃不太重要的事情。80/20定律是时间管理学中的重要原理：如果所有的工作项目都根据价值大小来排列，80%的价值来自只占20%的项目，其余20%的价值来自80%的项目。许多人喜欢将任务集中于期限之前完成，结果常常把事情留到最后一刻去做。这无疑会加重他们的压力感。

（四）勇于改变自我

1. 提高专业能力

压力往往是在个人不能成功应对工作需求时的一种威胁，所以，幼儿园教师应与时俱进，及时吸纳新思想、新知识、新信息，懂得不断自我成长、自我更新，自我反思，提高能力，积极地适应时代发展。

2. 改变不良的思维方式，以积极乐观的态度看待问题

人们的不良情绪有些确实是生活中的不利境遇所引起的，但也有些不良情绪是由于人们对事情的真实情况缺乏了解或认识有偏差而盲目地生长起来的。同一事物，由于出发点和认识的不同，所持态度就不同。压力的负面影响是你自身所产生的事物，问题在于你对事件的看法，而不是事件本身。

3. 调整与改善A型性格

A型性格是指具有如下性格特征者：争强好胜，急躁易怒，常有时间紧迫感，行色匆忙，说话坦率，言辞易得罪人，习惯于指手画脚，给人咄咄逼人的气势。这类人总愿意从事高强度的竞争活动，不断驱使自己在最短的时间里做最多的事情。A型性格有利也有弊。因为这种特点与进取心、事业成功和物质利益的获得密切相关。但是，A型人常处于中度至高度的焦虑中，他们常为自己制订最后期限，不断给自己施加时间压力。

（五）建立和谐的人际关系，扩展良好的社会支持系统

建立良好的人际关系对缓解压力具有重要的作用。台湾黄坚厚先生曾提出健全人际关系的四项原则：要能了解彼此的权利和责任；对自己应有适当的了解；要能客观地了解他人；和他人的关系要有明确的认识。健全的人际关系需要有效的沟通，我们要以坦诚的态度，对别人表示出真诚的关怀与信赖，要有同理心，对他人的不幸感同身受，同时，要尊重他人。与同事之间的竞争虽然不可避免，

但要尽力维持良性竞争的关系，避免恶性的不正当竞争。遇事应设法从各种角度来发现较佳的处理方式，以弹性处理问题的态度，会使事情得到更圆满的解决。而处理事情过于固执，坚持一种固定的模式，则常会遭遇挫折。另一方面，不要吝啬对他人真诚适当的赞美，这会使对方感受到成就感，感受到尊重与关怀，不但会带给对方快乐，也会带给自己快乐。

人际关系和谐的人在他们遭受挫折、面临压力时往往得益于良好社会系统的的支持。倾诉是减压的良方，面临压力可向你信任的人、喜欢的人、关心你的人倾诉，从而使问题得以解决，情绪得以宣泄；在与人沟通的过程中，反省总结，享受陪伴，减轻压力。

（六）培养健康、科学的生活方式，学会放松

定期参加体育锻炼，保持精力充沛，提高应付压力的能力。参加一些娱乐活动，使自己紧张的身心得到放松，参加一些社交活动以开阔自己的胸怀和眼界，从而改善心态。学会一些放松技术，这些放松技术被认为是经受了时间考验、被证明具有强大作用和广泛用途的技术，比如，自发性训练、放松反应、超越静坐、催眠等以应对压力。幼儿园教师要学会自我调节、保持良好的心境；同时要掌握一定的心理卫生知识，加强心理的自我保健，培养自身广泛的兴趣，通过各种方式做到劳逸结合，放松自己，从而使自己更好地应对压力。

本章小结>>>

本章主要讨论了家庭心理环境的创设、幼儿园心理环境的创设、社会环境对幼儿心理健康的影响、教师压力与幼儿心理健康四个方面的问题。家长素质、家庭结构、家庭氛围、教养方式以及家长的期望、家长的心理健康状况等对幼儿心理健康有直接影响。幼儿的心理健康问题必须回到家庭教育中去寻找问题的根源并寻求解决的途径。幼儿园心理环境的优劣对幼儿心理及行为产生着实实在在的影响，在此特别强调家园要通力合作，形成１＋１＞２的教育合力功效。作为幼儿园心理环境创设的重要因素——教师，其心理健康状态对幼儿的心理健康影响极大，因此必须直面教师职业压力，建议教师在不能改变外部环境的情况下，应用积极、良好、有效的方法来应对、迎接压力，甚至把压力转化为动力，促成自身的成长与发展。还讨论了社会环境尤其是大众传媒对幼儿社会化和心理健康的影响。

思考与练习

1. 家庭环境对幼儿心理健康有哪些影响？如何通过家园合作促进幼儿的心理健康发展？

2. 幼儿园环境对幼儿心理和行为有哪些影响？作为幼儿园教师该如何创设优良的心理环境，避免幼儿受到心理伤害？

3. 该如何看待和处置大众媒体对幼儿心理健康的影响？

4. 幼儿园教师应如何以积极、良好、有效的方法来应对职业压力？

项目实践

1. 访谈一个幼儿园，了解如何密切家园合作，实现1＋1＞2的教育合力功效，从而使幼儿的心理获得积极的、健康的发展。

2. 深入幼儿园生活，观察幼儿园教师在园一日的工作状态，并访谈他们的工作感受，撰写一份关于幼儿园教师职业压力的观察与访谈报告。

3. 社会调查：大众传媒对幼儿心理健康的影响。也可作为暑期社会实践项目。

参考文献

[1] 刘文.幼儿心理健康教育［M］.北京：中国轻工业出版社，2012.

[2] 郑雪，刘雪兰，王玲.幼儿心理健康教育［M］.广州：暨南大学出版社，2006.

[3] 饶淑园.幼儿心理健康教育与辅导［M］.广州：广东高等教育出版社，2013.

[4] 饶淑园.教师职业压力与管理［M］.广州：暨南大学出版社，2010.

[5] 徐德荣，徐晓虹，邵静芬.幼儿心理健康教育互动40课[M].上海:上海科学技术文献出版社，2008.

[6] 朱家雄.学前儿童心理卫生与辅导［M］.长春：东北师范大学出版社，2005.

[7] 杜燕红.学前儿童心理健康教育［M］.郑州：大象出版社，2011.

[8] 杜燕红.儿童是个人格心理学家［M］.南京：江苏教育出版社，2007.

[9] 张莉.儿童发展心理学［M］.武汉：华中师范大学出版社，2006.

[10] 王振宇.儿童心理发展理论［M］.北京：人民教育出版社，2011.

[11] 埃里克·J.马什，等.异常儿童心理［M］.上海：上海人民出版社，2009.

[12] 张艳婷.儿童异常行为分析与辅导［M］.广州：广东教育出版社，2009.

[13] 段鑫星.心理咨询与治疗：理论与实务［M］.徐州：中国矿业大学出版社，2010.

[14] 刘云艳.幼儿心理素质教育的理论与实践研究［M］.北京：教育科学出版社，2009.

[15] 刘宣文.学校发展性辅导［M］.北京：人民教育出版社，2004.

[16] 李红.幼儿心理学［M］.北京：人民教育出版社，2007.

[17] 崔光成，邱鸿钟.心理治疗学［M］.北京：北京科学技术出版社，

2006.

[18] 郑雪.人格心理学［M］.广州：暨南大学出版社，2001.

[19] 邱鸿钟.临床心理学［M］.广州：广东高等教育出版社，2002.

[20] 河南基础教育教学研究室.中小学心理健康教育课程设计与教学[M].郑州:文心出版社，2011.

[21] 马立骥，张伯华.心理咨询学［M］.北京：北京科学技术出版社，2005.

[22] 叶浩生.西方心理学的历史与体系［M］.北京：人民教育出版社，1998.

[23] 陈一心.儿童心理咨询与治疗［M］.北京：北京大学出版社，2009.

[24] 傅宏.儿童心理咨询与治疗［M］.南京：南京师范大学出版社，2007.

[25] 李建军.儿童团体治疗［M］.南京：江苏教育出版社，2011.

[26] 冯夏婷.幼儿问题行为的识别与应对：家长篇［M］.北京：中国轻工业出版社，2011.

[27] 伊娃·埃萨.幼儿问题行为的识别与应对：教师篇［M］.王玲艳,张凤,刘昊，译.6版.北京：中国轻工业出版社，2011.

[28] 邵智，施鸣鹭.婴幼儿心理行为保健［M］.重庆：重庆出版社，2007.

[29] 俞国良.现代心理健康教育［M］.北京：人民教育出版社，2007.

[30] 林仲贤，武连江.儿童心理健康与咨询［M］.北京：中国林业出版社，2005.

[31] 马莹，顾瑜琦.心理咨询技术与方法［M］.北京:人民卫生出版社，2009.

[32] Cathy A. Malchiodi.儿童绘画与心理治疗：解读儿童画［M］.李甦，李晓庆，译.北京:中国轻工业出版社，2005.

[33] 赵忠心.家庭教育学［M］.北京：人民教育出版社，2000.

[34] 刘新学，唐雪梅.学前心理学［M］.北京：北京师范大学出版社，2011.

[35] 朱家雄.幼儿园教育活动设计与实施［M］.3版.北京：高等教育出版社，2015.

[36] 王海英，成伟.中小学心理健康教育课堂教学模式探析[J].当代教育科学，2010（20）：56-58.

[37] 陈惠君，刘品梅.湛江市幼儿园儿童心理健康问题的调查与分析[J].广东医学院学报，2004，22(1):70.

[38] 夏莹，张晰月.幼儿心理健康现状调查分析及对策[J].牡丹江师范学院学报（哲社版），2011(1):110-112.

[39] 缪秋莎.论幼儿心理健康教育六大发展趋势[J].湖南师范大学教育科学学报,2004(5):77-78.

[40] 王悦娟,徐志芳.幼儿心理健康档案的建立与运用[J].上海教育科研,2004(7).

[41] 刘文，尹华，李想.幼儿园教师工作压力状况及相关人口变量因素调查研究[J].幼儿教育（教育科学版)，2007，364（4)：28-32.

[42] 饶淑园，王红椿.珠三角地区幼儿教师职业压力调查报告[J].教学与管理，2009(2)：26-27.

[43]. 饶淑园.幼儿教师的安全压力及其管理对策[J].教育导刊,2012(7):59-62.

[44] 莫文.学前儿童心理测量的历史与发展趋势[J].学前教育研究,2006(5):15-18.

[45] 方丰娟,陈国鹏,戚炜颖.幼儿心理健康评估现状和思考[J].心理科学,2006(2):493-495.

[46] 张雯.自闭症儿童多因素调查分析及绘画艺术治疗干预［D］.太原：山西医科大学，2009.